技术的批判化建构

——芬伯格技术解放思想研究

王晓宇◎著

九 州 出 版 社
JIUZHOUPRESS

图书在版编目（CIP）数据

技术的批判化建构：芬伯格技术解放思想研究 / 王
晓宇著. — 北京：九州出版社，2023.9
　　ISBN 978-7-5225-2232-6

　　Ⅰ . ①技… Ⅱ . ①王… Ⅲ . ①技术哲学—研究 Ⅳ .
① N02

中国国家版本馆 CIP 数据核字（2023）第 188362 号

技术的批判化建构：芬伯格技术解放思想研究

作　　者　王晓宇　著
责任编辑　周　春
出版发行　九州出版社
地　　址　北京市西城区阜外大街甲 35 号（100037）
发行电话　（010）68992190/3/5/6
网　　址　www.jiuzhoupress.com
印　　刷　武汉鑫佳捷印务有限公司
开　　本　787 毫米 × 1092 毫米　16 开
印　　张　9.25
字　　数　123 千字
版　　次　2023 年 9 月第 1 版
印　　次　2023 年 9 月第 1 次印刷
书　　号　ISBN 978-7-5225-2232-6
定　　价　68.00 元

前　言

　　1877年，恩斯特·卡普在《技术哲学纲要》中创立了"技术哲学"这个术语，宣告技术哲学的诞生。技术哲学作为一门学科已经走过了一百多年的发展历程，并在不同的时期都形成了重要的理论成果。然而直到第二次世界大战前，技术哲学总体仍发展缓慢，并没有引起大多数哲学家的兴趣，出版的经典技术哲学著作寥寥可数。

　　而20世纪中期后，在科学技术快速进步，社会民主运动蓬勃发展及东欧剧变等时代背景下，当技术领域分析社会文化现象已经变成一种迫切需要时①，技术哲学开始进入快速发展时期。技术哲学家群体迅速扩张，有影响的技术哲学观点开始层出不穷。随着社会技术化的程度越来越高，技术哲学的研究领域日益扩大，技术哲学家从不同角度研究技术及其对社会的各种作用，并对技术与社会的相互影响提出了各种观点。在当代的诸多技术哲学家中，芬伯格因其在技术解放问题上鲜明的理论立场以及与众不同的研究方法而备受瞩目。受海德格尔和法兰克福学派的技术理论影响，芬伯格立足人文主义技术哲学传统和社会批判理论的哲学基础，顺应

_____

　　① 高亮华. 人文主义视野中的技术［M］. 北京：中国社会科学出版社，1996：74.

技术哲学的发展趋势，针对技术解放问题，借鉴科学知识社会学的建构主义和库恩的历史主义方法，从历史、社会、文化等多个方面对技术理性进行了深度剖析并最终建构了系统化的技术解放思想，极大地推动了技术哲学的发展。从某种程度上说，芬伯格的技术解放思想可以丰富我国的马克思主义科技观，帮助我们深入理解技术、哲学、社会、民主等多个领域之间的内在关联，为我们建构一种新的富有创造力的技术理念提供了有益的指导。

因此，在技术负面效应和人类生存危机日益彰显的今天，本书通过研究有关芬伯格技术哲学的文献，剖析其理论产生的理论背景与社会背景，分析芬伯格技术解放思想的内涵，并结合中国的发展实际，冷静地分析技术对社会产生的正面和负面影响。因此，考察芬伯格技术解放思想不仅是对技术批判理论的回溯，使我们能够从历史的角度全面把握技术哲学的发展历史，还可以为解决当代技术进步带来的社会问题提供新的思路和方法，为我国的技术发展、思想建设和制度革新等建言献策，帮助我们开拓面向整个现代性理论的广阔视野，为思考人类解放和技术解放等重要问题提供新的灵感。

目　录

第一章 芬伯格技术解放思想发轫

　　早期芬伯格的技术批判理论研究大都受法兰克福学派传统技术批判理论研究方向的影响。尽管追求对现代技术的批判，但芬伯格的这种批判的前提是在宏观层面上强调对资本主义进行革命批判，然后在革命批判的基础上进一步对当代社会在技术层面上进行微观改造。然而，伴随着 20 世纪 60 年代西方国家一系列社会运动的出现，生产方式的变革以及经济的快速发展，在这些社会的巨大变化中，芬伯格意识到现代技术不仅在生产力发展中扮演重要角色，更在社会经济的发展过程以及当代社会政治体系建构中占据重要地位，并与政治、经济等社会发展因素紧密联系。因此，芬伯格开始思考如何在强调现代技术在当代社会中的主导性地位的同时，对技术批判理论展开进一步深入的研究，于是他提出了技术解放思想，并撰写了受法兰克福学派技术批判理论与科技革命共同影响的经典技术哲学著作《技术批判理论》。可以说，作为法兰克福学派的嫡传，立足于人文主义技术哲学传统以及社会批判理论基础的芬伯格的技术解放思想不仅顺应了技术哲学"经验转向"的发展趋势，更重构了技术、现代性与文化之间的关系，形成了自己独特的技术解放思想，为技术哲学以及全球文化的多元发展做出了重要的理论贡献。因此，通过对芬伯格技术解放思想的分析研究，不仅可以梳理技术哲学近几十年来的发展脉络，更能探明技术哲学未来的发展方向，这正是本研究的意义所在。

　　本章主要讨论芬伯格技术解放思想的现实背景与理论背景。现实背景主要从经济秩序、政治制度建构、技术水平等方面展开分析；而理论背景则主要围绕芬伯格技术解放思想的主要理论来源，即从马克思与海德格尔的技术观点以及法兰克福学派的传统技术批判思想进行论述。

一、芬伯格技术解放思想的现实背景

（一）芬伯格技术解放思想的经济背景

　　由于第一次世界大战破坏了西方资本主义国家原有的工业产业体系，这使得西方资本主义国家的经济实力受损。直至 20 世纪五六十年代，西方资本主义国家的经济发展仍未完全恢复到第一次世界大战前的水平。针对这一问题，西方资本主义国家尝试逐步发展到更高一级的国家垄断资本主义发展阶段，从而恢复到自身原有的经济发展水平。西德的垄断资本更是成立了相关组织，进而达到进一步加强垄断企业在国家的经济政策层面上的影响力的目的。然而，国家的垄断资本组织虽然通过不断加强对工业产业的资金投入，努力影响政策环境，从而达到促进技术研发推动产业发展的目的，尽可能发挥国家对市场的调节作用，但这种调节并不能在根本上解决资本主义经济发展所面临的困境，工业产业的发展仍然处于衰退状态，这一时期科学技术的研发成果也并不能真正提高生产效率，有效地缓和社会矛盾和促进社会发展。相反，技术方面的新成果首先用于实现利润最大化、巩固垄断组织自身地位，这反而加重了普通民众的经济负担，加深了资本主义国家的社会与经济矛盾。如芬伯格所说"在垄断组织占据统治地位的情况下，科学技术的进步只会加深经济和社会方面的矛盾"[①]。因此，可以说这一时期西方资本主义国家脆弱的经济发展状况以及社会矛盾的加深让原有的技术问题更为凸显。同时，在世界经济全球化的过程中，芬伯格也意识到世界经济秩序的建构等社会因素与现代技术发展的相互作用，这也对后期芬伯格改进技术批判理论、建构技术解放思想产生了极大影响。

（二）芬伯格技术解放思想的技术背景

芬伯格最不赞同的，就是因为批判现代技术而过度否定现代技术的贡献，主张社会发展水平倒退到现代化之前。[②] 在芬伯格看来，技术的进步不仅促进社会发展，同时随着现代社会的发展，技术也与社会发生了深层次的交互作用，我们需要在具体的社会生活中去适应这种变革与交互。伴随着计算机革命的出现以及生产方式的变迁，芬伯格不仅看到了技术的现实发展，而且意识到了技术系统与社会生活的深层交互，同时也发现了围绕互联网技术发展所产生的众多社会问题。芬伯格的技术解放思想正是在这个技术发展背景下构建起来的。

对于芬伯格的技术解放思想而言，计算机革命的出现是不可避免的重要研究背景。20 世纪八九十年代以来，随着计算机技术的迅速发展，国际性的大规模计算机研究网络——因特网的出现吸引了数百万的用户，推动人们进入信息时代，形成以通信技术和计算机技术为基础的新型社会形式，

---

① 苏联科学院. 世界通史（第 12 卷上册）［M］. 安徽大学苏联问题研究所，译. 北京：东方出版社，1987：201.

② ［加］安德鲁·芬伯格. 原子弹所揭露的事实［J］. 中国电子商务，2006（6）：26—27.

并建构以信息知识为基础的新型社会秩序。作为一种能够塑造社会面貌的新技术，不同于传统的马克思主义理论中的大机器只关注直接的物质生产，计算机技术的出现和发展让资本主义的生产方式转向由简单的物质生产转向为以个性化、差异化、精致化为生产特征的弹性生产，追求工人个体主体性的开发，强调以知识和智力等为核心的创新驱动发展[①]，使得生产方式向后福特制发生转变。同时，计算机技术的出现和发展不仅有利于推进资本主义生产方式的转变，也使人们获得参与技术设计与生产的更多可能性，让人们得以被更多地考虑进整个技术体系的生产改造中，从而进一步加强社会生产控制。

在提出技术两重性特质的基础上，芬伯格也进一步分析了计算机技术的两重性。首先，计算机技术的出现可以加强对社会的监控，使得社会的等级秩序得以维系和再生[②]，有利于实现更深层次的社会交互，将信息、情感、交流等要素纳入生产过程之中，让主体能够通过信息内容的传播实现相互联结；其次则是计算机技术作为一种新技术是用来破坏社会等级秩序的基础[③]，计算机技术与其他技术的根本不同之处在于计算机技术可以成为交往中介，让人们获得可以参与讨论的新的虚拟空间。芬伯格认为这种具有两重性的技术具有极大的发展潜能。因此，可以说，计算机技术的出现标志着技术转化潜能的显现，计算机技术的发展也为芬伯格技术解放思想的构建提供了技术基础。

---

① 张亮，孙乐强. 21世纪国外马克思主义哲学若干重大问题研究［M］. 北京：人民出版社，2020：2.

② ［加］安德鲁·芬伯格. 技术批判理论［M］. 韩连庆，曹观法，译. 北京：北京大学出版社，2005：114.

③ ［加］安德鲁·芬伯格. 技术批判理论［M］. 韩连庆，曹观法，译. 北京：北京大学出版社，2005：114.

受到计算机革命的影响，芬伯格本人也曾经进行过在线教育工作。在进行在线教育的过程中，他意识到在线教育不仅受计算机技术所制约，同时也受到各种社会因素的影响。20世纪七八十年代，由于因特网在美国社会的兴起，人们开始了广泛讨论，教育领域的争论格外激烈。然而，直到20世纪90年代，随着新自由主义改革激进派们提出有关教育未来发展的重要议题，传统教育与在线教育开始逐渐走向对立，"'虚拟大学'作为一种技术的命运，是繁琐、僵化和过时的'传统'制度的逻辑替代品"①。作为早期在线教育的践行者，芬伯格通过分析在线教育的技术代码及其发展的局限性，描绘了教育领域的技术转化前景，充分展现了技术转化的发展潜能。在芬伯格看来，教育领域受到管理部门重视的原因在于他们发现了教育技术的经济发展潜力。他们意识到教育领域可以转化为自动化的管理模式，即套用资本主义的工厂化管理模式，利用等级控制的方式使得效率最大化。"虚拟课堂中的学生是不需要新的停车设施……课程还能被包装和推向市场……不需追加投资就可以产生连续不断的收入。"②但同样，作为现代技术的一部分，采用工厂模式的教育技术并未摆脱工厂模式的局限性，没有充分考虑参与者的利益。在线教育的出现使教师被排除在教育之外，沦为在线技术的附庸，师生关系不再存在，取而代之的是交易关系，教育活动从交流活动变成了生产活动。

因此，芬伯格认为在线教育是一种不合理的技术。当代社会的政治、经济、审美等社会因素的影响使得在线教育无法充分考虑参与者的利益，存在局限性。然而，芬伯格所描绘的技术转换前景让我们看到了教育领域

---

① Hamilton E，Feenberg A. The technical codes of online education［J］. *E-learning and Digital Media*，2005，2（2）：104—121.

② ［加］安德鲁·芬伯格. 可选择的现代性［M］. 陆俊，严耕，译. 北京：中国社会科学出版社，2003：115.

的技术发展潜能。因此，芬伯格强调，在计算机技术快速发展的社会背景下，我们不应该依附于技术，而是应该发挥我们的主体性，并努力实现技术的转化。

（三）芬伯格技术解放思想的政治背景

除了经济和技术因素之外，当时世界的两极对立格局以及随后资本主义世界内部爆发的政治矛盾也使得当时的政治局势更为复杂，而这种政治矛盾与技术发展相结合爆发出的社会性问题在一定程度上也让芬伯格对技术与社会因素的相互关系有了进一步思考，影响了芬伯格技术解放思想的建构。

自20世纪五六十年代以来，冷战局势下的资本主义国家发展陷入危机，其内部的政治生活和经济发展呈现复杂态势。由于资本主义体系希望保证帝国主义在发展中国家中的统治地位，并加强对外围殖民地的控制，因此对社会主义国家采取了冷战政策并实施经济封锁手段。在这个时期，以美国为核心的资本主义国家主要通过武装干涉等手段扩大帝国主义势力，以实现美国军事扩张的目的，践行同苏联以及其他社会主义国家进行对抗的路线。然而，由于武装干涉进展不顺利，扩张局势并不明朗，为了转移政策压力和民众关注焦点，美国政府选择将压力转向国内，加强对底层工人阶级的经济统治，这使得底层工人阶级承受了过多压力。为了争取权利，底层工人阶级选择通过组织一系列大规模的工人运动，在运动中向资产阶级传达他们的声音，展示他们的力量。自1950年到1959年，在短短十年的时间里，"美国发生的罢工事件多达四万两千四百七十六起，参加的人数达两千一百九十万人"[1]。在这种紧张激烈的工人运动形势下，资产阶

---

① 苏联科学院. 世界通史（第12卷上册）［M］. 安徽大学苏联问题研究所，译. 北京：东方出版社，1987：231.

级与底层工人阶级的矛盾被不断激化。而"五月风暴"中的学生反越战示威游行更是拉开了学生主动参与政治的序幕。在这一政治运动中，学生们高举马克思和马尔库塞的大旗，追求民主和自由。尽管这些反抗资本主义专制统治的政治活动大多以失败告终，但对主要活跃于西方资本主义世界的年轻学者芬伯格而言，技术统治这个问题第一次生动地出现在他的视野中，这些政治活动对他的技术批判无疑是极具反思性的。芬伯格认为，一方面，资产阶级和技术专家通过技术实现了对底层工人阶级的统治，在加强社会控制，提高社会生产效率的同时，也削弱了底层工人个体的自主权利。另一方面，底层工人阶级为了争取权利，寻求民主自由，一些社会政治运动的发生成为了底层工人阶级解决当下社会问题、实现技术转化的为数不多的可能途径。

因此，在芬伯格看来，这些政治活动的发生实质上是对技术统治的反抗，是一场以政治运动为途径，来反对技术专家治国论，反映技术解放需求为最终目的的变革，是"一场迄今为止最有力的新左派运动……一次反对技术专家治国论的运动"①。然而，尽管"五月风暴"后资产阶级的技术霸权现象有所改善，但技术霸权的思想仍以意识形态的方式深嵌于资本主义的社会系统之中，所以相关问题并没有得到根本解决。同时，在资本主义国家加强外围殖民地控制，推行冷战政策的过程中，芬伯格也意识到技术的主导性地位在政治应用中对人类世界的和平生活所可能造成的威胁，这也促使他对美国社会底层工人阶级所争取的权利问题进行思考。因此，芬伯格试图综合把握当时的社会政治运动情况，尝试分析这些政治现象背后与技术之间的联系。在他看来，只有批判技术理性，实现技术解放，

---

① ［加］安德鲁·芬伯格. 在理性与经验之间［M］. 高海青，译. 北京：金城出版社，2015：61.

才能真正解决在五月风暴运动中提出的技术霸权等相关社会问题。这一思路也为他后来建构的技术解放思想提供了可能。

"任何真正的哲学都是自己时代的精神上的精华。"① 可以说，芬伯格的技术解放思想不仅受到法兰克福学派传统的技术批判理论以及建构主义与历史主义的影响，更是在特定的时代背景下形成的。复杂多变的时代发展状况和丰富的社会实践，不仅为芬伯格的技术解放思想提供了充分的经验材料，也为他指明了未来的理论发展方向。

二、芬伯格技术解放思想的理论背景

作为法兰克福学派第三代的继承者，芬伯格高度认可马克思和海德格尔关于技术哲学的观点，以及法兰克福学派的技术哲学思想。为了形成一套系统的技术批判理论，芬伯格不仅吸收了复杂多变的时代发展状况作为自己理论的经验材料，还对马克思有关劳动与技术的思想观点、海德格尔的技术本质观，以及马尔库塞和哈贝马斯在马克思技术哲学思想影响下形成的单向度理论和交往行为理论进行了吸收与发展，尤其对技术理性异化问题的批判观点加以借鉴。因此，本部分主要讨论芬伯格对马克思和海德格尔技术观点以及法兰克福学派传统技术批判理论这些经典技术哲学思想观点的吸收和借鉴。

透过对劳动异化现象的批判，马克思阐述了现代工业文明对工人的束缚现状，并在此基础上提出了关于技术的三种批判。"今天的技术政治学包括了各种对主要技术制度的结构和普通人的自我理解有重要后果的斗争

---

① ［德］马克思，恩格斯. 马克思恩格斯全集（第1卷）［M］. 中共中央翻译局，译. 北京：人民出版社，1956：121.

和革新。我们需要发展一种理论，以便用来说明技术发展中公共行为者逐渐增长的重要性。"①而马克思的这些技术哲学观点对芬伯格早期技术哲学思想产生了重要影响。芬伯格将马克思的技术哲学观点作为个人技术批判理论的重要理论来源，并对其进行了部分改造。这一点可以在芬伯格的早期著作《马克思、卢卡奇和批判理论的来源》中得到体现。一方面，马克思的技术哲学观点让芬伯格认识到，发达工业社会下的现代技术所占据的主导性地位，并意识到现代技术在当代社会结构中的重要意义。另一方面，对马克思技术哲学观点的进一步深入分析也帮助芬伯格更清楚地认识到资本主义生产过程与管理方式的科学化以及这种生产管理方式对底层工人阶级的过度压迫。同时，通过对马克思社会组织理论和相关技术哲学观点的分析，芬伯格也认识到马克思已经尝试揭示在当代发达工业社会中占据社会主导地位的技术理性背后隐藏的巨大利益，这样的尝试无疑也是与当代社会技术理性异化的社会状况相适应的。因此，芬伯格不仅通过对经典技术设计案例和复杂社会状况的具体分析，丰富了自身的技术批判理论的经验材料，建构自身技术批判理论，同时也将马克思等人的技术哲学观点作为技术批判理论的思想来源，在其概念基础上阐明了技术的可选择性及其负载的社会价值，为形成以社会现实分析为导向的技术批判理论奠定了理论基础。因此，可以说，马克思的社会组织理论、生态观和技术批判思想，尤其是他在资本主义组织社会学的视角下对资本主义社会劳动过程的分析，极具启发性地对芬伯格产生了影响。

（一）马克思的技术批判思想

马克思对现代技术总体上持批判立场。19世纪的马克思主要从资本主

① ［加］安德鲁·芬伯格. 技术批判理论［M］. 韩连庆，曹观法，译. 北京：北京大学出版社，2005：27.

义社会的政治制度层面对当时的技术活动展开批判。在技术批判过程中，马克思将现代技术价值与当代工业社会的技术霸权现象联系起来，认为资本主义制度下的资本与技术呈现出相互依存的态势，这种相互依存关系让工人被资本主义社会循环压迫奴役。而出现这个问题的原因，在马克思看来主要在于异化现象的发生。所以马克思提出了异化理论，指出当技术理性占据资本主义社会的主导地位时，工人权利被转让和放弃的事实，并对技术理性异化现象展开批判。马克思关于技术的批判思想对技术哲学的发展具有重要影响。芬伯格在建构其技术解放思想的过程中，对马克思的拜物教理论、社会组织理论和生态观这几个方面的思想展开深耕，正是这些理论资源构成了芬伯格技术研究由抽象迈向现实的不竭动力。

1. 技术拜物教理论

芬伯格的技术解放思想受马克思的技术哲学影响颇深，芬伯格分析技术理性异化现象的理论根源——技术拜物教理论，继承了马克思拜物教理论的概念。在词源上，拜物教拉丁语原意指的是人造事物被演绎为对宗教神圣事物的信仰，后来拜物教概念被马克思细化分为三个阶段：商品拜物教、货币拜物教和资本拜物教，用以区分和批判资本主义社会深刻复杂的异化现象。

而技术拜物教现象主要指的是在技术理性异化的社会体系下，原本人们所创造的，用于服务人类、满足人们需求的工具与手段的技术，在发达工业社会中，随着技术理性占据社会发展的主导地位，反过来成为控制和支配人的统治力量，形成对技术实体，技术手段崇拜的意识形态，这就是技术领域独有的技术拜物教现象。可以说，随着资本主义社会的迅速发展，技术理性逐渐占据了资本主义社会发展的主导地位，而另一种形式的拜物教——技术拜物教也透过技术理性异化这一社会问题呈现出来。对此，芬伯格在借用马克思的拜物教理论的总体性方法和辩证方法的基础上，对技术拜物教展开了彻底的细致的分析。对于技术拜物教现象，芬伯格在沿用马克思拜物教理论的基础之上进行了关于技术的整体性研究，指出技术拜物教是技术理性对人与人、人与物、人与社会之间关系的遮蔽，是技术的物理属性对社会属性的隐匿。作为发达工业社会普遍存在的现象，芬伯格指出技术拜物教的出现并不是单纯由于技术本身而独自发生的行为，社会背后的思想和意识形态在这一过程中也产生了重要影响，"技术拜物教取决于自然的概念，取决于文化概念……技术去蔽方式是文化的方式，带有人的自我感知、人的目的性以及人的社会性印记。知识和技术的文化存在于知识和技术之前，这种文化决定了技术揭示现实问题和要求的方式"①。

可以说，技术拜物教现象的出现导致我们现在只关注技术设计的结果，即技术产品和技术应用的效果，而忽略了技术设计的过程以及技术的社会价值问题。因此，在面对技术拜物教的问题上，相比于技术手段层面上的反思，我们更需要分析技术拜物教产生的原因，对技术设计过程中自身的思维方式和价值体系展开重新审查与调整。芬伯格的技术解放思想也强调从技术设计过程和影响技术发展的社会因素中展开反思。

2. 马克思社会组织理论

芬伯格非常注重建立在马克思的社会组织理论基础上的劳动过程理论。通过研究哈里·布雷弗曼的《劳动和资本垄断》，芬伯格得出结论，认为在马克思的社会组织理论中，主要包含了对资本主义批判的两种理论，不仅有被后人广泛研究的所有制理论，还包括了因为理论和现实多种因素而没有得到长足发展的劳动过程理论。通过分析马克思的社会组织理论，

---

① ［德］彼得·科斯洛夫斯基. 后现代文化——技术发展的社会文化后果［M］. 北京：中央编译出版社，1999：3—5.

芬伯格认为相比于静态化的所有制分析,马克思思想中细致入微的劳动过程分析更具说服力,更值得引起广泛关注。在《资本论》第一卷中,马克思分析了劳动过程如何在资本的推动下逐渐从工场手工业者之间的分工发展为机器大工业中机器之间的劳动分工。马克思指出,劳动过程主要由三个要素构成:人的活动,劳动对象和劳动资料。在这三个要素中,人的活动和劳动资料随着劳动过程的异化逐渐成为一种异化劳动,在异化的劳动过程中,资本主义社会的主要工作内容是去除技能化,逐渐瓦解工场手工业中积累起来的手工技能过程,通过技术发展将其转化为单一重复的机器操作。劳动过程异化的产生目的原本是作为减轻工人必要劳动时间、缩短工人劳动过程和减少工人负担的机器,但是因为工人并不能真正了解自己面前看似极其熟悉的机器的效用,逐渐变成了被机器控制的机器人,劳动者在流水线上长时间重复着单一的机械劳动,工作时间反而被大大延长。资本家以劳动者的集体利益为噱头,获得了对生产的自由支配权,即芬伯格所提出的操作自主权,以进一步提高自身的阶级地位,达到满足自身利益需求的目的。因此,劳动者的集体活动成为社会组织的主要形式,正是在这种社会组织形式中,资产阶级统治了整个社会。总的来说,作为技术解放思想的思想来源,马克思的社会组织理论为芬伯格的理论建构提供了一定程度的理论启示。

3.马克思主义生态观

通过研读马克思的著作,我们可以发现,在生态问题方面,马克思并没有单独进行讨论,而是在技术批判视阈下,以政治经济学批判为研究主线,完成了对技术、民主、社会和生态的综合批判。所以说马克思并没有简单地对生态问题进行讨论,而是在各种维度的基础上对生态问题展开了综合分析。

在马克思的社会生态理论中，马克思认为生态问题的出现与资本主义体系的扩张有着密切关系，特别是与现代技术的飞速发展密不可分。资本主义的工业化进程需要技术的发展，而技术的改进与发展在让资产阶级进行资本积累、获得最大利润的同时，也付出了生态环境被破坏、能源快速消耗的代价。"生产部门拿来加工制造的，已经不是本地的原料，而是从地球上极其遥远的地方运过来的原料。旧的需要是用国货就能满足的，而新的需要却要靠非常遥远的国家和气候特殊地带的产品才能满足了。"①以新陈代谢为例，马克思形象地表明了资本主义如何破坏土地的肥力。工业生产让大量人口从农村走向城市参与雇佣劳动，但由于城市人口急剧增加，这让政府面临着社会环境、公共管理等诸多方面的考验。因此，资产阶级选择将工厂迁移回农村，最终导致农村以土地为生长基础的生态资源遭受恶劣的生长条件，生态环境与产品生产之间产生冲突。"资本主义生产使它在各大中心的城市人口越来越占优势，这样一来，它一方面聚集社会的历史动力，另一方面破坏着人和土地之间的物质变化，也就是使人以衣食形式消费掉的土地的组成部分不能回到土地，从而损坏土地持久肥力的永恒的自然条件。"②所以，在马克思看来，越是重视机器大工业生产、以机器大工业生产为发展重点的国家，技术的进步对生态环境的破坏进程就越迅速。

总之，马克思的社会生态理论是统一在他的技术批判视阈之下的，是在整体的社会背景下研究技术对生态环境造成的负面影响与生态价值。然而，与一些学者所考虑的观点不同，马克思认为技术本身也具有生态价值，

---

① ［德］马克思、恩格斯. 马克思恩格斯全集（第4卷）［M］. 中共中央翻译局，译. 北京：人民出版社，1972：321.

② ［德］马克思、恩格斯. 马克思恩格斯全集（第23卷）［M］. 中共中央翻译局，译. 北京：人民出版社，1972：552—553.

技术的进步也可以解决环境问题。这主要体现在两个方面：首先，在马克思看来，技术进步是解决生态问题的必要手段或首要前提。技术的进步不仅可以让我们对生态问题有更加深刻的认识，还可以激励我们更加积极地探索解决生态问题的可能途径。其次，技术的进步也能改善生态环境，赋予自然更多美好之处，"科学的进步特别是化学的进步，发现了那些废物的有用性质"①。所以，马克思并不认为为了保护生态环境，人类就必须被动地屈服于自然，使技术倒退。虽然人类从自然世界中获取生产资料不可避免地会打扰原有的自然秩序。在他看来，人类从自然世界中获取的生产资料是所实现的技术进步的力量，可以让我们更好地开展生态保护活动，使人与自然的关系更加协调。芬伯格的技术解放思想与马克思的生态观类似，对技术持有积极态度，在芬伯格看来，我们无须像海德格尔所认为的那样，被降格为单纯的对象，因此只能回归传统，对技术的理性异化现状持悲观主义态度，而是秉持一个能够实现技术转化和技术解放的乐观主义立场。

4. 技术批判思想

马克思指出了现代技术理性异化的社会问题，同时也划分了所有制批判和劳动过程批判这两种批判层次。但芬伯格认为，在资本主义体系下，这些批判背景都涵盖着劳动者与生产方式的割裂，所以在他看来，马克思很难真正区分出哪个批判层次更为根本。此外，由于后世的马克思主义体系主要以所有制和国家理论为支撑，所以芬伯格认为马克思在其社会主义概念中并没有考虑技术与政治之间的联系。因此，在芬伯格看来，马克思的异化理论在技术批判层面仍存在局限。

---

① ［德］马克思, 恩格斯. 马克思恩格斯全集（第7卷）［M］. 中共中央翻译局, 译. 北京: 人民出版社, 1972: 115.

在马克思的早期著作《1844 年经济学哲学手稿》中，通过对黑格尔的异化理论的系统化批判以及费尔巴哈的人的类本质概念的改造，马克思对传统的政治经济学展开反思和批判，指出古典政治经济学将工人视为劳动动物，并未真正解释资本主义社会矛盾的根源所在。相比古典政治经济学中费尔巴哈对于劳动异化的单一否定态度，马克思并没有单纯地否定异化带来的消极影响，而是提出了劳动异化理论，进一步对劳动异化的表现形式展开说明。在《1844 年经济学哲学手稿》提出的劳动异化理论中，马克思将社会历史定义为劳动异化和扬弃劳动异化的历史，将人的本质定义为自觉自为的劳动。马克思指出，资本主义社会下的机器原本是被设计出来服务于人的，是为了将人从繁重的劳动工作中解放出来的，技术水平的进一步提高原本也是为了提高生产效率的、取得更大的经济效益的。然而，马克思也指出，技术水平的提高同样也会带来负面效应。一方面，技术水平的进步虽然降低了劳动强度、缩短了劳动时间，使资本积累更加迅速。但另一方面，在资本积累的过程中，为了利润的最大化，工人在付出劳动生产商品后又不得不购买自己生产出来的商品，而这其中产生的部分经济效益又被统治阶级用于进一步提升技术水平，最终形成一个异化的技术设计体系。"这种无法调和的双重矛盾束缚人类，使其被技术所奴役。"① 在他看来，资本主义社会产生劳动异化的问题根源并不在于技术产品即机器本身，而在于资本主义的机器应用。"机器发展本身是为了减轻劳动强度，缩短劳动时间，满足人类对自然的控制，增加生产者的财富。"② 资本主义的机器应用使劳动时间和劳动强度不断增加，使得劳动者最终陷入被技术奴役的境地。所以针对这种劳动异化现状，马克思选择从社会形态入手，

---

① 许良. 技术哲学 [M]. 上海：复旦大学出版社，2004：55.

② [德]马克思，恩格斯. 马克思恩格斯全集(第 4 卷)[M]. 中共中央翻译局，译. 北京：人民出版社，1972：483—484.

采取社会批判的方式解决异化问题。在他看来，只有通过这种社会批判，才能消除劳动异化现象，实现共产主义，让人类真正获得自由解放。

　　芬伯格吸收了马克思劳动异化理论的精髓，立足于现代社会工人的生存状况，将工人遭受到压迫以及资本主义社会展现出单向度特质的原因归结为技术理性在资本主义社会中的主导地位，并将马克思对劳动异化的社会批判转化为对技术拜物教的批判。在分析马克思社会批判的基础上，芬伯格指出，马克思对技术的批判局限在技术的不良使用上，并主要分为三种表达方式：一是应用技术所要达到的目的是什么；二是不管目的是什么，技术如何被应用；三是这些技术最初的原理是什么。[①] 这三种表达方式在芬伯格看来也对应了马克思的三种技术类型批判，分别为技术的产品批判、过程批判和设计批判。技术的产品批判即经由技术的划分与应用，表达对只出于个人意愿的技术服务应用目的的批判。技术的产品批判主要关注的是利用技术手段实现的产品价值，认为技术手段本身是中立的，与阶级利益无关的基础生产力。"从来就不存在技术'自身'，因为技术仅停留在某种运用中，这就是为什么技术任何一个关键层面都被认定为某一类别的'应用'"[②]，"唯独关注技术用来实现的产品的价值，认为在生产中发挥作用的技术'本身'是清白的"[③]。而技术的过程批判指的是在产品生产过程中不仅关注技术应用目的，同时进一步关注技术产品的生产过程。相比于技术的产品批判，马克思在技术的过程批判中不再将技术看作是清

---

　　① ［加］安德鲁·芬伯格. 技术批判理论［M］. 韩连庆，曹观法，译. 北京：北京大学出版社，2005：53.

　　② ［加］安德鲁·芬伯格. 技术批判理论［M］. 韩连庆，曹观法，译. 北京：北京大学出版社，2005：53.

　　③ ［加］安德鲁·芬伯格. 技术批判理论［M］. 韩连庆，曹观法，译. 北京：北京大学出版社，2005：54.

白的，而是将技术看作是社会异化的来源，只有没有被利益干涉的技术设计才是真正安全的。"这类由技术自身导致的生产现状有益于资本家对其'操作自主性'的权力实现，但对于实际参加生产的工人却将是一种永恒存在的危险来源。"① 技术的产品批判与技术的过程批判这两种批判形式的争议重点主要在于对技术本身认知的差异，即技术有罪或无罪的争辩。而技术的设计批判则是糅合了前两种批判，在这种批判形式下，针对的不仅是技术的应用过程和服务目的，还包括技术设计过程，将内化于技术的价值与社会极权勾连在一起。马克思认为，作为资产阶级控制工人的手段，技术设计聚合了技术与社会两种功能，技术的设计过程本身就已经蕴含了资产阶级的特定利益诉求，统治阶级在技术设计过程中将权力需求渗透进维护他们霸权利益的技术产品中。因此，马克思透过技术的设计批判提出，资产阶级不应干涉技术设计过程。

芬伯格指出，相比于认为只要由社会主义代替资本主义，完成政治革命，就可以改变资本主义的异化现象的技术产品批判和技术过程批判思想，他更赞同马克思提出的技术设计批判思想，认为社会的变革不仅需要政治上的改变，更需要技术上的改变。因为新的社会形态是在旧社会的技术基础上建立起来的，由于技术具有二重性，旧社会中的技术是服务于旧的社会形态的，所以新的社会形态必须对技术重新进行设计，使其服务于新的社会需要，进而实现社会解放的目标。芬伯格认为，技术本身存在着没有被体悟到的解放潜能，要令人类不受异化技术理性的驱使必须让更多技术产品的相关参与者参与自下而上的技术设计过程。通过技术设计批判，实现技术的解放潜能，进而达成社会解放的目标。

---

① 任洲鸿，刘勇. 为马克思辩护——芬伯格的技术批判理论评析［J］. 中共天津市委党校学报，2011，13（4）：24—28.

总之，在芬伯格看来，马克思将阶级偏见全部转移到了技术自身存在的问题上。在他看来，马克思主张技术的发展受制于资产阶级的利益诉求。资产阶级不仅对技术产品的生产过程加以规定，还对技术的设计过程进行了操控。因此，应该对技术产品的生产过程以及技术设计过程展开批判。不过，芬伯格认为，真正的技术批判不应仅限于技术的产品、生产过程与设计过程层面，而是应从技术领域延伸到社会的各个领域，让技术被重新设计建构，打破技术霸权现象，推动技术的转换与革新，实现技术的普遍效用的发展，并最终以此适应新的社会意识形态。所以芬伯格提出，只有去除不恰当的技术运用，重新构建技术理性才是真正的技术批判理论，才能以技术解放的方式真正实现社会民主化。"马克思在阐发对变革的认识时，认为资本主义的利益没有停留在选择目标或是运用手段上，而是全部致力于对技术设计操控上。"①

所以，我们可以看出，芬伯格对马克思技术哲学观点的继承是多方面的，从技术批判到社会生态，这些都对芬伯格的技术解放思想从单纯的技术批判走向技术解放起着重要的理论指导意义。

5. 芬伯格对马克思技术批判思想的吸收与发展

之前提到，苏联的失败经验让芬伯格对马克思主义革命理论开始进行重新思考。芬伯格认为，在苏联解体之后，他当前的首要任务就是对马克思的政治经济学批判思想进行反思，重思向社会主义过渡的问题，试图追求用更加温和全面的社会变革方式替代政治革命方式。

（1）芬伯格对马克思技术批判思想的反思——批判视角

虽然同马克思一样发现了资本与底层工人阶级之间的冲突，意识到了

---

① ［加］安德鲁·芬伯格. 技术批判理论［M］. 韩连庆，曹观法，译. 北京：北京大学出版社，2005：56.

技术理性异化的问题，但在对马克思主义政治经济学批判思想进行分析的过程中，芬伯格并没有完全认同马克思在资本批判视角下以政治革命的方式解决劳动异化问题的思想，而是更倾向于在技术批判视角下以社会变革的路径去解决技术理性异化问题的思想。针对技术理性的异化现状，从传统马克思主义理论到芬伯格的技术解放思想，可以看出，学者们都给出了有效的回应。马克思首次揭示技术背后的价值属性，并将技术批判纳入对资本主义的批判中。芬伯格则在延续技术批判的基础上，将劳动分工看作传统马克思主义对资本主义批判的重要落脚点，"传统的马克思主义理论解释了一部分历史的行为者（即资本家）如何利用劳动分工和机器作为它的手段来获得对另一个群体（即工人）的控制。与此相反，我们认为，资本家和工人在这里是根据他们在劳动分工中的地位来定义的，而劳动分工是建立他们生存条件的更基础的结构"[①]。同时，芬伯格将操作自主性，即资本家在生产过程中掌握的生产自由权力，看作是技术批判的重要环节。"操作自主性主要不是一种个人的所有权，而是可以动用一系列微观技术的组织的所有权。操作自主性是一种在各种可替代的合理化中作出战略性选择的权力，而在做出这种选择时不需要考虑外在因素、通常的惯例、工人的嗜好或抉择对工人家庭的影响。"[②]在芬伯格看来，马克思在《资本论》中，其实已经隐含了技术与社会之间相关联系的线索[③]，所以芬伯格在对马克思技术观点进行吸收反思的基础之上，进一步分析了技术设计过程中所存

---

① ［加］安德鲁·芬伯格. 技术批判理论［M］. 韩连庆，曹观法，译. 北京: 北京大学出版社，2005：84.

② ［加］安德鲁·芬伯格. 技术批判理论［M］. 韩连庆，曹观法，译. 北京: 北京大学出版社，2005：91.

③ ［加］安德鲁·芬伯格. 技术批判理论［M］. 韩连庆，曹观法，译. 北京: 北京大学出版社，2005：56.

在的权力关系，形成了从资本批判向技术设计中的权力批判的视角转换。

总之，在对马克思政治经济学批判思想的反思过程中，芬伯格进一步强调技术批判的视角，并提出改善劳资之间的不对称统治关系，解决资本与底层工人阶级之间的矛盾，指出我们应该从现实出发，通过自下而上的技术变革来促进不同社会角色之间的利益斗争。

（2）芬伯格对马克思技术批判思想的反思——批判路径

在传统马克思主义理论的相关著作中寻找有关技术批判的理论资源时，芬伯格在反思批判方向的同时，也在思考向社会主义的过渡方案，并为自己的技术批判理论进行佐证。在青年马克思的相关文献中，芬伯格发现马克思从控制层面的角度区分了"政治行为"与"社会行为"这两种革命手段。在芬伯格看来，青年时期的马克思其实较为认可"有意识地转化他们的异化的相互作用和收回他们的共有的力量"[①]的社会革命方式，并不推崇以暴力反对暴力，由上至下进行控制系统改革的政治革命手段。然而，芬伯格感到遗憾的是，在马克思之后的文献中，并没有进一步具体阐释社会革命方式，马克思也没有提出工人自发进行对抗权威主义的具体策略，而是直接转向了政治经济学批判的研究。在芬伯格看来，由于过渡理论的含混性，这很容易让工人在实际的革命实践活动中感到困惑，所以最终当工人阶级夺取政权之后，工人将不得不面临原本应该解放工人的管理者成为了新的资本家群体的现实，并再次陷入新一轮的分工与压榨中。芬伯格认为，正是由于这种存在于经典马克思主义著作中的理论缺陷给后来的社会主义革命实践带来了潜在的失败风险。列宁在《国家与革命》中所提出的共产主义实现道路也延续了马克思著作中关于社会主义实现道路概

---

① ［加］安德鲁·芬伯格. 技术批判理论［M］. 韩连庆，曹观法，译. 北京：北京大学出版社，2005：65.

念的不连续性特质。"一方面，过渡被认为是一种无产阶级在掌管从资本主义继承下来的、仍然是资产阶级的管理设施的斗争中取得胜利的短期结果。随着无产阶级自主管理的实现，国家成为过时的，并消解到群众中。另一方面，列宁严格按照字面意思遵从《哥达纲领批判》，声称通向共产主义的道路需要一种技术转化，因为只要工作是可憎的和物质是稀缺的，国家必须实行按劳分配。这两种道路的联系是什么呢？由什么来保证它们在时间上是协调的？事实上，在列宁的构想中，为社会主义更高阶段而做的政治斗争似乎被彻底节略了，而他所企盼的技术进步是无法预见的。"①芬伯格指出，正是这种政治革命与社会革命方式的不确定性，导致苏联无法在继承资本主义遗产的情况下实现向更高阶段的共产主义转化，并最终在迷失中解体。因此，作为一名经历过苏联失败经验的学者，芬伯格意识到，实现社会整体变革应该提出具体的社会过渡策略，应该实行从局部到整体的政治变革，而不是通过暴力的政治革命强行过渡到社会革命，单纯的政治行为所带来的国家政权的更迭并非真正的革命的胜利，不能实现社会真正的变革。

因此，面对传统马克思主义理论中提到的劳动领域已经无法摆脱斗争问题的现实困境，芬伯格在批判苏联政治革命后，在技术层面提出了新的解放可能，"向社会主义过渡的阶段应当是针对专家和资本家操作自主性所进行的斗争，民众将围绕技术展开政治性的抗议和民主化的讨论，这种过渡方式将更具有可行性，而不再是一种虚无的空想"②。芬伯格期望在资本主义文明创建的现代性之外，寻找一种新的现代性方案，以消解资本

① ［加］安德鲁·芬伯格. 技术批判理论［M］. 韩连庆，曹观法，译. 北京：北京大学出版社，2005：71.

② ［加］安德鲁·芬伯格. 技术批判理论［M］. 韩连庆，曹观法，译. 北京：北京大学出版社，2005：72.

主义社会下现代性中的矛盾。而这种现代性的解放视角也正是芬伯格理论中最具马克思主义特色的部分。在这个理论设定中，芬伯格全面替换了主体与斗争领域，同时将在传统马克思主义理论中扮演重要角色的劳动置换为技术设计，并将马克思所关注的资本主义生产领域中的工人阶级转移到了普遍社会中的与现代技术相关的一切参与主体，并将技术视为具有激进潜能的解放领域。对此，学者刘同舫也曾提到，在芬伯格的理论中，技术政治学才是真正的主题，而建构论下的技术批判只是理论的前提与基础，芬伯格所要探索的问题实质上是技术的解放政治学，这也是他理论中最具有马克思主义气质的部分。①

（3）芬伯格对马克思技术批判思想的发展

由上可以看出，芬伯格的技术解放思想从批判视角到批判路线都对马克思主义思想有所继承。因此，可以说，马克思主义思想是芬伯格技术批判理论的重要理论来源。然而，不可避免地，芬伯格对马克思主义思想在某些方面的理解上存在偏差，这导致了他的技术解放思想存在争议的空间。

尽管在对技术理性异化现状进行考察时，芬伯格没有局限在传统马克思主义理论所强调的产品批判与过程批判中，而是从技术设计过程中寻求技术批判的新可能，这使得芬伯格相对于传统马克思主义理论和法兰克福学派的技术理性批判理论实现了一定程度的超越。一方面，芬伯格强调技术背后的社会价值，将技术与发达工业社会下的社会霸权联系起来，通过提出"操作自主性"的概念来强调技术批判背后的权力斗争。相比于传统马克思主义理论在进行资本主义批判时关注劳动分工领域，芬伯格更关心大众权利的可实现性。而这种理论重心的转向也让芬伯格的技术批判理论

---

① 刘同舫. 技术可选择还是现代性可选择？——对芬伯格现代性理论前提与内在矛盾的批判 [J]. 哲学研究，2016（7）：6.

逐渐远离了马克思政治经济学，逐渐走向技术政治学。另一方面，相对于以马尔库塞为代表的第一代法兰克福学派学者们提出的抽象的技术理性批判理论，芬伯格从实践应用层面出发，指出技术的本质会受到社会因素的影响而发生改变，并尝试在技术设计环节提出革新，通过技术本身打破现实解放的僵局。

但事实上，当芬伯格批判马克思抛弃了他在 1844 年前后提出的社会革命构想，转而越来越关注无产阶级夺取政权的政治解放时，他已经对马克思的思想产生了误解。尽管，芬伯格认为自己发现了马克思的技术批判理论在现实应用层面所面临的理论困境，即从政治革命转向人类解放的过程，然而，在芬伯格看来，马克思主义强调进行激烈的政权夺取活动是错误的，应该在不动摇资本主义社会性质的前提下，通过多样化的社会政治运动争取民众在技术设计环节上的自主权利。但是，当芬伯格逐渐远离马克思的政治经济学体系去理解技术理性时，许多问题也随之产生。芬伯格误解马克思的地方在于，他看到了掌握操作自主性的资本家，但没有意识到真正掌握操作自主性的不是资本家，而是资本家背后的资本以及资本主义生产体系。掌握操作自主性的资本家并非因其主体自身诉求而掌握了操作自主性，而是出于整个资本主义生产与再生产的需要，才掌握了操作自主性并控制整个资本主义生产体系。就像《资本论》中说的："只是作为资本的人格化，资本家才受到尊敬。"[①] 所以马克思对技术理性的批判实际上是关注技术背后的生产关系，对技术设计背后本质的支配力量即资本逻辑进行批判。因此，当芬伯格逐渐远离政治经济学体系，通过"技术设计"和"操作自主性"的概念来理解技术理性并建构自己的技术理性批判理论

---

① ［德］马克思，恩格斯. 马克思恩格斯全集（第 42 卷）［M］. 中共中央翻译局，译. 北京：人民出版社，2016：606—607.

时，芬伯格就会因将资本与民众之间的斗争简化为主体之间的权力斗争而无法正确理解身处资本主义社会关系中的主体间的斗争，并逐渐脱离马克思主义理论而走向技术政治学。从这一点看，芬伯格的思想与经典马克思主义理论相去甚远。

（二）海德格尔的技术本质观

作为马尔库塞的学生，马尔库塞和海德格尔都对芬伯格产生了深远的思想影响。这种影响不仅源自马尔库塞对芬伯格在思想上的传授，还因为马尔库塞的技术批判理论始终受到海德格尔技术思想的影响，这种影响甚至可以在马尔库塞后期的思想著作中找到痕迹。因此，在建构技术解放思想时，芬伯格无法回避的就是对马尔库塞等法兰克福学派学者们以及海德格尔技术哲学思想资源的整理与再反思。可以说，海德格尔对技术现象的分析研究对芬伯格技术解放思想研究有着重要的理论指导意义。

海德格尔认为，当代发达工业社会下的现代技术已经不仅仅是纯粹的具体的技术装置，更是一种思维方式和实践方式。这让芬伯格在海德格尔的思想中找到了技术批判理论的"新起点"。在芬伯格看来，海德格尔使技术哲学的研究领域从纯粹的思辨开始转向到具体的人，为技术哲学赋予了确定性。在海德格尔思想的影响下，芬伯格进一步挖掘了技术哲学发展的思想脉络，并在批判性继承海德格尔思想的基础上完善和丰富了自己的技术解放思想。正因为海德格尔技术思想对芬伯格具有重要的指导和借鉴意义，所以在进一步分析芬伯格技术解放思想之前，我们需要首先了解海德格尔技术思想的主要内容，探索芬伯格对海德格尔技术思想的吸收与发展。

1. 海德格尔的技术本质观

随着技术对人类社会及其发展的影响日益深刻，对技术现象的研究逐渐成为西方理论研究的重要主题之一，技术现象学也因此应运而生，海德格尔的技术思想就是其中的主要代表。芬伯格将以往的技术观分为工具主义的技术观和实体主义的技术观，并将海德格尔的技术思想视为实体主义的技术观。实体主义的技术观普遍认同技术将构建新兴的文化体系，这一文化体系将整个社会世界归置为一种控制对象。

海德格尔坚信，发达工业社会下的技术构成了一种全新的文化体系。因此，他以存在作为其技术哲学发端，提出了存在主义，通过这一观念来考察技术作为存在命运的意义，对存在的意义和发展进程进行分析。作为二战期间的代表学者，海德格尔直观地感受到了技术发展所带来的影响。二战期间，本应促进社会发展、提高人们生活质量的技术却成为了破坏社会稳定、引发动荡的手段。在这种情况下，海德格尔开始思考人与现代技术之间的关系，将现代技术作为批判的对象，并展开对技术本质的思考。与笛卡尔强调主体与客体世界分离的观点不同，海德格尔更多地从现象学的角度看待人与世界的关系，强调人不能脱离世界而独立存在，而是必须借助技术工具来实现更好的生存。

海德格尔在存在论的立场上，从认识技术本质、了解技术理性对人类的影响以及寻找克服技术理性异化问题的途径等几个方面展开研究，建构其技术本质观，这些分析主要体现在《技术的追问》一书中。首先，他着眼于技术本质的层面。在《技术的追问》中，海德格尔在西方哲学史传统观点即技术是一种解蔽的基础上，对技术本质的概念进行了深入探讨，指出技术的本质在于"座驾"，它始终在促逼与摆置着人和整个世界。针对第一种情况——促逼，海德格尔指出，促逼虽然是一种让存在者展现出来的解蔽方式，但同时也是一种对外强行索取的方式。通过对技术语源学的分析，海德格尔指出技术是一种发生在无蔽状态的领域中的解蔽方式。但随着技术的发展，当代社会下技术的这种解蔽会变成（Ge-stell）促逼人与社会的座驾，人的个人意志将会逐渐为技术所驱使。如果现代技术一直统治人类，座驾本质的促逼性也将始终笼罩着人类世界，人类的存在本质将被完全遮蔽，也不再对周边世界的存在物保持惊讶。"此种促逼向人类与自然提出蛮横要求，要求人类把自然当作一个研究对象来对待，要求自然提供本身能够被开采和储存的能量。"①在人们依靠技术改造社会的过程中，世界逐渐由唯一的标准去诠释，人和自然的关系也随之逐步走向对立，导致了人的本质的沦陷。"现代技术的特点是它不再仅仅是一种'手段'，也不再仅为了'服务'于他者，而是它自己发展了一种对自己的支配。"②而针对第二种情况——摆置，即一事物被另一事物无限制地需求与限定。随着工业水平的发展，农业的耕作变成了纯机械的食品工业，土地被矿料的产出与技术发展水平所限定，矿料被类铀的材料的产出所限定，类铀料被原子核能的产出所限定，而原子核能却被为了毁灭或者和平使用的目的所限定。③所以，现代技术造成了人和自然的双重遮蔽的非本真状态，技术的本质即为它的座驾特征。"现代技术之本质居于座架之中，座架归属于解蔽之命运。"④其次，主要是了解技术理性对人类的影响这一层面。在海德格尔看来，现代技术的座驾本质造成的异化问题及对人产生的威胁主要来自以下两个方面。一方面，技术的座驾本质让从事技术活动的人们处处为技术所限制于座驾自身的合理而又绝对的展现途径，让我们陷入危险之中。另一方面，技术的座驾本质的唯一性也会让我们忽略其他的可能

————————————

① ［德］马丁·海德格尔. 海德格尔选集：下［M］. 孙周兴，编选. 上海：上海三联书店，1996：932—933.

② Martin Heidegger. *Holderlin's Hymn "The Ister"*［M］. trans. W. McNeill and J, Davis. Bloomington：Indiana University Press，1996：4.

③ ［德］马丁·海德格尔. 技术的追问［M］. 上海：上海三联书店，1996：124.

④ ［德］马丁·海德格尔. 海德格尔选集：下［M］. 孙周兴，编选. 上海：上海三联书店，1996：943.

性，让技术成为一切可能性的出发点，最终使我们走向另一个危险极端。人类在利用技术改造世界、获得劳动成果的同时，随着现代技术的改造逐步深入，人类自身的主体性也在不断消逝，存在状态受到严重侵害。最后，关于如何克服现代技术对人和自然的控制，从而使人和自然摆脱双重遮蔽的非本真状态，到达最终自由的开放领域，海德格尔认为主要有两个途径。一方面，克服现代技术对人和自然的控制并不能简单否定现代技术为当代社会发展作出的贡献，而是应该限制现代技术要求的唯一性，使其与得以出现的新可能的基础相互联系，为新的可能性做好准备。人们可以"看到存在转向它的丰富的表现的可能性。这种转折虽然还没有来临，但已经获悉情况的人也许处在'这种转折的到来所预先投出的影子之中'，即他已准备让存在作为存在表现出来，并不再只从事技术展现"①。另一方面，海德格尔认为克服现代技术对人和自然的控制需要追求一种对技术的沉思。"唯独在这种沉思中，海德格尔看到了克服技术的可行的道路唯独在对技术世界的荒芜中的存在的思索中，他毕生地看出了他的天职和任务。"②

技术在迅速提升人们物质生活水平的同时，由于技术理性异化，给社会各个领域带来了一系列的社会问题，这使得从事现代技术的人们处处被技术限制和规定，让人们失去个体的主体性，导致了人们精神世界的贫瘠。"我们这个世界的精神已经进步到如此之远，乃至各民族就要丧失最后一点点的精神力量，丧失我们还能看到的这沉沦的精神力量。"③在海德格

---

① ［德］冈特·绍伊博尔德. 海德格尔分析新时代的技术［M］. 宋祖良，译. 北京：中国社会科学出版社，1993：201.

② ［德］冈特·绍伊博尔德. 海德格尔分析新时代的技术［M］. 宋祖良，译. 北京：中国社会科学出版社，1993：203.

③ ［德］马丁·海德格尔. 形而上学导论［M］. 熊伟，王庆杰，译. 北京：商务印书馆，1996：38.

尔看来，技术理性异化问题产生的重要原因正是因为人们忘记了存在。海德格尔指出，我们只有在真正使用技术器具的过程中，处于技术当中才能真正认识到存在的本质，从而避免现在出现的主客分离问题。但随着技术的飞速发展，我们也正在将包括我们自己在内的整个世界转化为"持存物"，即在技术世界中沦为待改造的原材料，人和存在被降格为单纯的对象。因此，海德格尔对于技术理性异化问题持有明显的悲观主义态度，认为我们除了回归传统之外没有其他对抗当下技术理性异化问题的解决途径。尽管如此，海德格尔的技术思想虽然无法促成积极的技术变革，但海德格尔对技术的批判态度和对技术本质的阐述仍对芬伯格技术解放思想的技术反思产生了深刻影响。

2. 芬伯格对海德格尔技术本质观的吸收与发展

作为芬伯格技术本质观的重要思想来源，海德格尔对技术本质的分析论述对芬伯格等技术哲学家产生了重要影响。首先，在对技术本质的追问过程中，海德格尔已经初步勾勒出社会建构论的思想框架，这在一定程度上构成了芬伯格社会建构论的思想来源。在《技术的追问》中，海德格尔认为技术本质上是一种解蔽的方式，而在对技术本质的进一步追问过程中，海德格尔指出技术的本质就是技术对人类主体性的澄明，是人类对对象世界的限定。海德格尔通过对技术本质的澄明将人与对象世界相互联系起来。"新时代技术不是单纯的手段，而是自然、世界和人的构造。工具性的解释是不够的，因为它没有注意到在新时代技术中所发生的在人和世界之间的真正的和基本的本体论的事件，而只是停留在单纯存在的机器式的装备上。"[①] 尽管海德格尔并未对技术的建构因素进行更加深入的分析论证，

---

① ［德］冈特·绍伊博尔德. 海德格尔分析新时代的技术［M］. 宋祖良，译. 北京：中国社会科学出版社，1993：63.

但芬伯格却充分继承了这一思想。其次,海德格尔选择在历史主义视野下展开对技术本质的探讨,这一视角也对芬伯格评价技术活动和技术哲学思想时产生了影响。在论述技术的本质、评价技术工具论和技术实体主义时,芬伯格指出,虽然技术工具理论和实体理论颇为不同,但是两者皆是采用全盘肯定或是全盘否定的态度。① 在他看来,我们当前不能改变技术的原因在于所有的技术理论都将技术看作一种超越人类的命定的理性形式存在着,使得人类无法控制和干预。② 所以,芬伯格以历史主义为背景,将技术置于广泛的社会历史背景中,以技术与社会活动的联系为出发点,让技术与人类社会活动相结合,扩大技术设计的参与范围。通过技术的社会建构,指出技术是负载社会价值的产物,让技术设计体现出更多参与者利益,更有效地为人类服务,从而最大程度地减少技术理性异化所引发的一些社会问题,逐步消除和化解技术异化产生的负面效应,使技术的发展更加合理。

通过揭示人与技术之间的关系,海德格尔开创了技术存在主义的先河,并表达了一种实体的技术观念。海德格尔认为,现代工业社会下的技术已经成为一种自成一体的自主力量,形成了对整个人类社会的统治,使得人们的创造力走向消亡,让人们成为在技术的统治和摆置下生存的物件,人已经成为技术统治下的技术动物。"技术不再是与我们相对意义上的事物;它们已变成单纯的资源,一种'持存'。"③ 对此,芬伯格肯定了海德格

---

① [加]安德鲁·芬伯格. 技术批判理论[M]. 韩连庆,曹观法,译. 北京:北京大学出版社,2005:7.

② [加]安德鲁·芬伯格. 技术批判理论[M]. 韩连庆,曹观法,译. 北京:北京大学出版社,2005:8.

③ Martin Heidegger. *The Question Concerning Technology, and Other Essays* [M]. trans. H, B. Lovitt. New York:Harper& Row,1977:241.

尔的现代技术观点，并进一步发展了他的技术批判思想，这里主要体现在两个方面。首先，芬伯格吸收借鉴了海德格尔对古希腊哲学中"技艺"概念的重新诠释，克服了现代技术中主客二分的弊端。"我们今天把主体和客体、价值和事实区分开，希腊人却把它们当作融洽的统一体。希腊人的技术行动不是把主体的意图武断地强加给原料，而是和富含可能性的世界达成协议，等待手艺更好的介入来展现这些可能性。古代技术的本体论内涵相应于现象学分析的世界的日常经验。被科学理性认可和现代技术操作的中性自然，属于一个不同的、派生的分配物。海德格尔重构了希腊与现代的这种区别，他解释了希腊人强制推行了有限视野的、没有迷信和拟人化的世界观。"① 其次，与海德格尔寄望于通过沉思克服这种模棱两可的解决路径不同，面对现代技术主客二分的弊端，芬伯格给出了明确回复。在芬伯格看来，只有让更多人参与到技术设计中，让技术产品体现出更多参与者利益，使技术潜能得以显现，逐渐消除技术发展所带来的负面影响，克服技术主客二分的弊端。最终真正实现一种解放人类与自然的新技术。"相互分裂的主体和客体在一个无法跨越的鸿沟里互相对抗。就是技术活动在这个分裂的世界的新形式。"②

在芬伯格看来，虽然现代技术在一定程度上限制了人类的个性发展，但实现人类解放不应听天由命，任由技术摆置人类，而是应主动寻求摆脱技术抑制的解决路径。因为技术理性在当代社会中所占据的主导性地位，所以技术与人类各个社会领域的活动是息息相关的，现代技术对人类的控制就是对人类主体性的压抑，只有让人类充分释放个体潜能才能推进人类

---

① Feenberg A. Heidegger and Marcuse：The Catastrophe and Redemption of History［J］. *Routledge*，2004.

② Feenberg A. Heidegger and Marcuse：The Catastrophe and Redemption of History［J］. *Routledge*，2004.

社会总体的进步与发展。

（三）马尔库塞的技术批判思想

1. 马尔库塞的技术批判理论

由于 20 世纪中叶资本主义国家对科技的大力支持，使得社会科技水平不断进步，同时也带动了整个资本主义社会的经济、政治和文化等多个领域的繁荣，机器在各个领域逐渐取代人的工作，资本主义社会开始进入大规模生产时期，人们的生活水平得到大幅提高。这些转变让人们意识到了现代技术的力量。但随着现代技术逐步渗透到社会生活的各个领域，技术理性占据了资本主义社会的主导地位，技术也开始出现不符合人们预期目标的负面影响，人类逐渐丧失了原有的主体性。在这种社会背景下，法兰克福学派将科学技术视为一种浸入社会生活各个层面、压抑人的自由而全面发展的意识形态，并对技术理性异化现象展开批判性的反思，不仅有在技术本质上的探寻，也有在方法论层面上的反思。因此，法兰克福学派的技术批判理论在技术哲学界占有重要地位。因此，芬伯格不仅吸收借鉴了马克思和海德格尔等知名学者的技术哲学思想，作为法兰克福学派的代表学者，芬伯格也对法兰克福学派的技术批判理论进行了分析，并在其理论基础上建构了自己的技术解放思想。

自工业革命以来，科学技术实现了飞跃式的发展，社会生产力急速增加，社会物质财富的大量累积使人们的物质生活条件得到了极大改善，工人们也逐渐被机器生产所替代，人力资源被逐步解放出来。但与因机械化时代下虚假的"繁荣景象"而丧失批判性、沦为技术的被统治工具的普通民众不同，马尔库塞看到了技术理性占据主导地位后所带来的负面影响。在 20 世纪 50 年代初期，马尔库塞就指出：科学技术不但成了维持当下社会主要生产力的工具，而且也成了脱离社会大众的、使政府机构的暴力行为合理合法化的意识形态的新型控制方式。[①] 作为法兰克福学派的代表学者，马尔库塞继承了法兰克福学派的技术批判理论传统，将技术理性视为是一种新形式的意识形态，并以"单向度"为概念依托展开对技术理性异化现象的深刻批判，提出了具有乌托邦精神的解决路径。

首先，马尔库塞在指出单向度的技术理性异化现状的基础上，分析了人与社会走向单向度的问题根源，并尝试寻找解决路径。随着技术的发展，技术理性逐渐占据了社会的统治地位，社会的政治、经济、休闲等各个领域被技术理性悄无声息地深入渗透。在这种悄无声息的渗透中，马尔库塞指出，资产阶级利用技术理性束缚底层民众的自由，底层民众的真实需求也被技术演进所带来的短暂利益蒙蔽，"一种平稳、安逸又民主的束缚在发达工业社会内流行开来，它的标志是技术演进"[②]。在技术理性的操纵控制下，人们的反抗意识被抑制，主体性趋于丧失，人与社会最终出现双重异化，走向单向度。"源于马尔库塞的理解，我们因为贪恋虚假要求的实现而与我们自身的奴役状态相融合。"[③] 在马尔库塞的描述下，技术理性的主导地位已经使得发达工业社会下的政治、文化、思想等社会的各个领域都沦为单向度的领域，成为了技术统治的附庸。社会变成了一个丧失了否定性、批判性和超越性，新型的技术极权主义社会。"政治意图已经渗透进处于不断进步中的技术，技术的逻各斯被转变成依然存在的奴役状态的逻各斯。技术的解放潜能在促使事务工具化的同时，也在成为技术解

① ［德］尤尔根·哈贝马斯. 对 H·马尔库塞的答复［M］. 重庆：重庆出版社，1990：268.

② ［美］马尔库塞. 单向度的人［M］. 刘继，译. 上海：上海译文出版社，2017：3.

③ ［美］赫伯特·马尔库塞. 工业社会和新左派究［M］. 任立，译. 北京：商务印书馆，1982：82.

放的栓结，即使人也工具化。"①在他看来，在这种单向度的社会背景下，所产生的思想不仅无法为寻找技术理性异化根源提供理论贡献，对技术理性异化的社会现实进行深刻批判，反而只能顺从现实，甚至可能为技术理性的主导地位提供理论辩护，沦为统治阶级维护现状的手段。这不仅会让社会失去进一步变革的可能，也会让人们失去否定性、批判性与超越性，失去了追求新生活的能力，变成了单向度的个人。因此，马尔库塞认为，以一种单向度的思维来考量技术的社会存在属性深有其害。在《单向度的人》一书中，马尔库塞揭示了技术虚假的中立性特质及其掩盖的作为技术霸权主义统治手段的本来面目，让人看到了统治阶级为了自身的"操作自主性"，扩大自身的权利范围，强行将技术设计与他们的利益需求相关联，让人们意识到自身处于单向度的社会的现实状况中，"在这种世界中没有批判意识的位置：它是'单向度的'"②。马尔库塞指出，现有的技术理性以效率与控制为核心目标，将人视为一种奴役自然的手段与工具，而这种人对自然的索取与奴役反过来也加强了对人的奴役与控制，阻碍了人类解放的脚步。因为在发达工业社会中，技术已经成为为现存统治辩护的工具，封闭了人们对社会的不满和反抗，造成了人与社会的双重异化。马尔库塞这种对技术及技术理性的深度讨论也代表着马尔库塞又将技术批判理论推向了新的高峰。通过对政治、生活以及思想等各个领域的分析，马尔库塞总结出人与社会走向单向度的根源就在于技术理性的主导地位导致人们的主体性被抑制，个人否定性、批判性以及超越性的缺失。政治领域即技术的发展进步使工人阶级的革命意识被技术理性主导下的工业社会同质化，进而走向政治对立面一体化。在生活领域，技术理性则是通过同化各

① ［美］马尔库塞. 单向度的人［M］. 刘继，译. 上海：上海译文出版社，2017：145.

② ［加］安德鲁·芬伯格. 技术批判理论［M］. 韩连庆，曹观法，译. 北京：北京大学出版社，2005：80.

阶级的生活方式，以共享现代生活方式的名义消除了人们的反抗意识。在思想领域，人们则是由于政治领域与生活领域的同化而逐渐丧失了批判意识和创新的主体性能力，选择接纳现实甚至为技术理性异化的社会现状辩护。"处在持续演进中的技术受到来自政治层面的渗透，使技术的逻各斯走向奴役化。结果是技术的解放力导致人类工具化的转变。"① 所以对于解决单向度社会的这一社会问题，马尔库塞指出，我们必须要从否定性、批判性以及超越性中寻找新的可能性，才能够对发达工业社会中技术的作用和地位有正确的认识。

其次，在分析单向度的技术理性异化问题原因的基础上，马尔库塞尝试寻找解决技术理性异化问题的合理方案。与法兰克福学派一样，马尔库塞也在思考在面对单向度的社会现状时，我们应如何解决这种单向度的异化问题。而对于这一问题，马克思对劳动异化概念的分析深刻影响了马尔库塞的技术批判理论研究，在其后的理论研究中，马尔库塞将社会视为一个机器在管控着所有成员，并使用异化概念讨论技术理性的意识形态特征。技术理性成为了社会的合法话语，内化于社会机器结构之中，这就为统治权力提供了足够的合法性，其合法性同化了全部的文化层次。② 而在技术理性之下，人们往往容易忽略底层阶级利益，将提高生产效率实现统治阶级经济利益最大化作为追求的最终目的。结合马克思的异化概念，马尔库塞在《单向度的人》中指出，技术水平的迅速发展虽然提高了人类生活水平，但同时也造成了现代工业文明的困境。在马尔库塞看来，技术并不具有中立性特征，而是各种社会因素的综合产物。"正是其中立特征把客观现实同特定历史主体联系起来，即同流行于社会中的意识联系起来，其中立性

---

① ［美］马尔库塞. 单向度的人［M］. 刘继，译. 上海：上海译文出版社，2017：145.

② ［美］马尔库塞. 单向度的人［M］. 刘继，译. 上海：上海译文出版社，2017：144.

特征则是通过这个社会并为了这个社会而确立的。"①事实上，工业文明下的技术真正表达的是统治阶层的利益诉求，而底层阶级的利益诉求在技术的设计和发展中被完全忽视。技术不仅没有真正提高人类的生活水平，反而成为奴役底层阶级的工具，这打破了传统的对技术进步的盲目信仰，最终导致人类和社会走向极端的"单向度"。

不同于法兰克福学派的批判理论传统，马尔库塞受到海德格尔、马克思、弗洛伊德等思想的影响，在面对技术理性异化的社会问题时，马尔库塞提出爱欲解放而非传统的批判路径，并试图最终构造一个非压抑性的文明社会去替代现在的发达工业社会体制，进而尝试实现人的自由和全面发展。尽管仍停留在理论探讨的阶段，但对于如何解决问题，改变这种技术理性异化的社会现状，通过对心理学与美学的深入研究，马尔库塞还是留存了一点希望。"政治趋势是可以逆转的……工具世界在什么程度上被理解为一架机器并依此而被加以机械化，他就在什么程度上成为人的新的自由的潜在基础。"②由于发达工业社会下人们的反抗意识被同化，个性需要被抑制，因此人们不但难以对现有的技术体系造成威胁，甚至会进一步加强并巩固技术体系统治。在马尔库塞看来，面对技术理性异化的社会现状，我们应首先努力寻求一种替代现有技术体系的新技术。马尔库塞指出，既然现存的技术造成了对人类和自然的双重奴役，那么未来技术就可能是一种具备双重解放潜能：既能解放人类，又能解放自然的新技术。在《爱欲与文明》一书中，通过对心理学与美学的深入研究，马尔库塞指出这种单向度的发展趋势仍存在逆转的可能。马尔库塞指出，当新的非压抑性文

---

① ［美］马尔库塞. 单向度的人［M］. 刘继，译. 上海：上海译文出版社，2017：142—143.

② ［美］马尔库塞. 单向度的人［M］. 刘继，译. 上海：上海译文出版社，2017：5.

明重新被建立起来时，人类所面临的技术威胁将会消失，并将重获自由。而通过对古希腊技艺本质关系的分析，马尔库塞认为，要扭转现有技术造成的单向度，新技术需要融汇理性与艺术功能，即将美学引入到技术当中，美学具有批判与超越的特征恰好可以使现有技术造成的人与社会被束缚的现象发生转变，"在和平的技术中，美学范畴将参与到这种地步，即从自由发挥才能的观点出发来建造生产机器"①。所以在他看来，这种新的非压抑性文明的可能性，这样的一个乌托邦式的理想世界的可能性就根植于美学领域中。在他看来，虽然在当今社会中美学已经被边缘化，对技术理性异化这种社会难题无能为力，但实际上他认为美学作为一个不只限于艺术领域的基本概念，如果人们能够将自身经验合并到美学经验中，就能激发自身潜能并渗透到社会实践中，最终让美学不仅内化于当下的艺术领域，更让其融入技术中，让人们不受制衡地去构造生产机器，构造世界，进而帮助技术潜能在社会可选择的结构中得到实现，让人与社会真正得到解放，走向和谐。不过马尔库塞虽然看到了人类解放的可能，但他并未给出一个真正的具有可行性的实现方案。马尔库塞一方面批判技术理性及其异化社会关系，另一方面又指出当下人们只能通过技术理性满足需求。这种矛盾让他只能寻求具备乌托邦精神的美学，站在未来的高度上展开技术批判。"一种以美学感觉为基础的新技术将不再践踏、推翻人与自然，而是走向尊崇。"②

总而言之，批判立场和乌托邦精神的解决路径是马尔库塞的技术哲学特质。批判立场是他研究技术的根本态度，乌托邦精神则为技术批判提供了解决方向。马尔库塞提出了通过具备乌托邦精神的美学进行技术改造，

---

① ［美］马尔库塞. 单向度的人［M］. 刘继，译. 上海：上海译文出版社，2017：219.

② Feenberg A. Heidegger and Marcuse: The Catastrophe and Redemption of History［J］. *Routledge*，2004.

从而解决技术理性异化问题的理论设想，并为此后技术哲学的发展带来了很多启示，但是具有乌托邦精神的美学在当代工业社会中究竟可以具有多大批判和建构作用，则需要通过实践来验证。马尔库塞最大的不足就是其技术哲学研究仅限于理论批判阶段，并没有为技术的未来发展提供具体有效的解决方案。通过具备乌托邦精神的美学进行技术改造的解决路径在社会实践中产生出的具体影响仍有待讨论，这也使得他的技术哲学在一定程度上带有悲观主义色彩。

2. 芬伯格对马尔库塞技术批判思想的吸收与发展

因亲身经历过法西斯的迫害，所以马尔库塞对发达资本主义社会进行了深刻的批判，但是他理论批判的精彩也无法弥补实践缺失的遗憾。作为芬伯格在法求学期间的主要恩师，马尔库塞的思想对芬伯格产生了深刻影响。芬伯格不但继承了法兰克福学派技术批判理论的合理部分，而且也吸收借鉴了马尔库塞提倡的"技术解放论"的有利因素，将其技术解放观点由乌托邦层面落实到现实操作层面，同时提出了"技术微政治学"的思想，在现实层面研究了技术转化的可操作性，提出从内部转化技术的操作路径，并希望社会的更多阶层参与到技术设计当中，从而逐步打破政府和技术专家控制技术的局面，为实现技术民主指明了方向①，试图实现马尔库塞的为人类和自然带来解放的新技术。相比马尔库塞偏向理论层面的技术思想，作为法兰克福新一代成员的芬伯格，思想活跃在技术蓬勃发展的时期，这使其技术批判理论研究更具实际的可操作性。芬伯格以法兰克福学派的传统技术批判理论为依托，突破了传统理性观与敌托邦的困境，丰富了自身的技术解放思想，为实行技术转化和科学技术评估奠定了理论基础。所以

---

① 王伯鲁，马保玉. 技术民主化的困难与陷阱剖析—兼评芬伯格技术民主化理念［J］. 教与究，2017：（8）：78—86.

无论是通过芬伯格自己的表述，还是通过对二者理论的研究，我们都不难发现，作为马尔库塞的学生，芬伯格对马尔库塞的理论是具有承接发展关系的。在接受访谈时芬伯格曾这样说过："我的理论是他（马尔库塞）的理论的一种持续，当然彼此间也存在着一些差别。我们之间最终的差别是，我所研究的东西更具体，我了解技术而马尔库塞不了解，因此，这一点对我们形成各自的观点起了很大作用。"①

（1）技术的意识形态性

关于技术自身是否承载价值，法兰克福学派内部始终未达成一致意见。哈贝马斯与马尔库塞之间曾就针对技术是否负载价值、技术的意识形态性特征展开讨论。在马尔库塞看来，技术承载着统治阶级的利益需求，发达工业社会通过技术理性这一新形式实现对人的控制。因此，马尔库塞认为技术价值中立这一观点并不成立，技术代表了统治阶级的意识形态。相反，哈贝马斯则针对马尔库塞的技术非中立性观点提出疑问。在研究过程中，虽然哈贝马斯也承认技术理性异化现象愈发严重，已然对人的思想形成了一种禁锢，但在他看来，马尔库塞等人过分夸大了技术的作用，并在面临理论困境时过分强调了技术的意识形态性质，而没有发现技术将社会关系工具化这一问题。所以，哈贝马斯认为技术不会承载统治阶级的利益需求，并选择将最初的意识哲学范式转向语言哲学范式，将工具理性转向交往理性，并建构了交往行为理论。在他看来，只要合理地使用交往，就可以实现人的解放。芬伯格在这一问题上肯定了马尔库塞的立场，认为技术价值中立这一观点是不成立的，技术应该是负载价值的，"因为技术不是中性的，而是从根本上偏向于特定的霸权，所有在这种框架中从事的行为都倾向于

---

① 朱春艳. 技术批判理论的理论基础和发展趋势——安德鲁·费恩伯格教授访谈录 [J].哲学动态，2008（6）：82.

再生出这种霸权"①。同时，针对技术的意识形态性特征，芬伯格在展开批判的同时也在完善马尔库塞"技术的社会性"思想，并提出了技术的社会建构特征。

（2）技术的社会性

马尔库塞吸取了马克思的劳动异化理论，并认为技术领域中存在异化现象，所以提出了技术是社会历史领域产物的观点。在他看来，发达工业社会下技术的进步不仅有效地提高了生产效率，在一定程度上还改善了人们的生活水平。不过技术理性不只受制于技术因素，还受到各种社会因素的影响，是社会历史领域的产物，在不同的历史时期会有不同的价值选择，所以技术理性内在包含着统治阶级意志，为统治阶级的利益诉求所服务。芬伯格非常赞同马尔库塞认为技术是社会历史领域产物的观点，所以在此基础上芬伯格通过在理论层面吸收社会建构主义的因素，在实践层面进行在线教育等个案研究，将技术的社会建构过程展现出来，形成了自身的技术解放思想，并进一步发展完善了马尔库塞"技术的社会性"思想，同时对技术的社会建构属性进行更深层次的探讨。芬伯格指出，技术的确内在负载着统治阶级意志，但是在技术设计表达过程中，技术也需要参考不同参与者的价值取向，考虑多数人的利益需求。而当下的技术设计是为统治阶级所服务的，这正是技术霸权现象的体现。不过也正是技术霸权这一社会现象的出现让芬伯格意识到公众参与技术，实现技术解放的可能。

（3）技术的统治性

马尔库塞理论核心即对技术理性的深刻批判，因此马尔库塞全面剖析了技术理性占据主导地位的异化世界。在他看来，当代工业社会由于技术

---

① ［加］安德鲁·芬伯格. 技术批判理论［M］. 韩连庆，曹观法，译. 北京：北京大学出版社，2005：76.

理性的异化统治已经演变成一个缺乏反抗精神的单向度社会。技术的进步虽然提高了生产效率，带来了社会财富的增长，改善了人们的生活条件，但同时也发挥着意识形态的功能，抑制了人们的本能，并为这种抑制进行了合理性辩护，这使得社会的各个领域失去了批判性和超越性。在马尔库塞看来，技术具有两面性，一方面当下发达工业社会的技术对人和自然进行着双重压迫，即随着技术的不断进步，尽管人们的物质生活水平提高了，但社会变成了单向度的社会，技术以新的形式控制着人们的思想："这一制度的生产效率和增长潜力稳定了社会，并把技术进步包容在统治的框架内。技术的合理性已经变成政治的合理性。"① 马尔库塞也批判了发达工业社会下技术理性的主导地位对人造成的压迫控制。同时另一方面未来的新技术也会具有解放人类的潜能，但这也只是马尔库塞的美好设想，他最终并没有找到解放人类的新技术。

尽管芬伯格也认同马尔库塞的技术理性在社会中所占据的主导性地位会抑制人们个体主体性的观点，同时也在积极寻找技术解放路径。但是，随着理论的不断深入研究，芬伯格并不赞同老师马尔库塞停留在表面的技术批判方式，也不寄希望于马尔库塞提出的激进变革方式能够真正实现技术解放。相反，芬伯格实现了理论与实践的结合，明确了技术是可转化的观点，同时指出，技术转化力量应来自内部而非外部。马尔库塞虽然始终倡导要有一种促进人类和自然解放的新技术，但如何建构这种新技术，马尔库塞并未提出具体的解决路径，甚至能否转化现有技术，马尔库塞也持怀疑态度。但芬伯格纠正了马尔库塞这种技术不可转化的看法。通过提出两级工具化理论，芬伯格利用技术代码将技术形成过程展现出来，并且明确了技术可转化的观点。同时，芬伯格继承并发展了马尔库塞对技术解放

---

① ［美］马尔库塞. 单向度的人［M］. 刘继，译. 上海：上海译文出版社，2017：8.

的探索，并以马尔库塞的技术批判理论为出发点，结合自身的实践经验，将马尔库塞技术批判理论的发展重心由批判转向了重建，提出了技术转化路径，希望通过微观层面上的技术变革方式，而非暴力革命的方式实现人的解放。相较于马尔库塞的技术批判理论，芬伯格的技术研究更注重操作性。马尔库塞虽然理论研究更为深刻，但并未为技术未来发展提供具体发展方向，对新技术具体设想也涉及不多。而芬伯格则更注重对技术实践层面研究，将理论重心由技术批判转向技术实践，提出实现新技术的具体途径即公众参与技术设计。作为一名计算机专家，芬伯格设计在线教育以及法国小型电传的相关实践经验，让芬伯格更加了解了技术设计过程，也让他的技术解放思想更具可操作性，更加切实可行。"这些抽象的论证是我对阅读马尔库塞著作的一种反思，但同时也来自于我所享有的一个参与计算机革命——这是另一种形式的革命——的特殊机会。"[①] 可以说，芬伯格对技术批判理论的研究实现了从批判技术到转化技术的转变，让理论付诸实践成为可能，实现真正的技术解放。

（4）从悲观到乐观

马尔库塞与芬伯格的技术批判理论不仅在对待技术理性异化的解决路径方面存在差异，同时在对待技术理性异化现状的理论态度上也截然不同。马尔库塞的技术批判理论由于其潜在的乌托邦特质而使他对技术解放的未来前景持悲观态度，"只是因为有了那些不抱希望的人，希望才赐予了我们"[②]。而芬伯格则在继承和发展马尔库塞理论的基础上做出进一步探索，摒弃了马尔库塞对技术的消极态度，乐观看待技术的未来发展前景。

---

① ［加］安德鲁·芬伯格. 技术批判理论［M］. 韩连庆，曹观法，译. 北京：北京大学出版社，2005：中文版序言，2.

② ［美］马尔库塞. 单向度的人［M］. 刘继，译. 上海：上海译文出版社，2017：234.

尽管我们无法忽视马尔库塞对技术理性的深刻透彻的理论分析，但是这让我们意识到发达工业社会下技术的进步在提升我们物质生活水平的同时，也在抑制着我们个体的主体性。因为，马尔库塞的技术批判理论只停留在对发达工业社会下占据主导地位的技术理性的批判，将产生问题的根本原因归结为人们思维方式的单一化，并将承担技术变革的历史任务赋予那些在社会中处于边缘化的群体，这使得马尔库塞在寻找具体解决路径的过程中陷入了乌托邦的空想，只能在美学领域中寻求心灵解放，而在现实世界无法找到出路，所以马尔库塞对技术解放的未来前景持悲观态度。

　　而芬伯格则抛弃了马尔库塞对技术的消极态度，工业产业的实践经验使芬伯格乐观地看待技术的未来发展前景："任何能加强人类联系的技术都具有民主的潜能。"[①] 芬伯格以马尔库塞的技术批判理论为出发点，积极地寻找一条具有现实性和可操作性的技术转化路径，从而努力实现技术转化。在他看来，技术转化的实现需要不同利益群体之间沟通博弈各自的利益需求，为自己谋求更多利益。芬伯格认为，让公众参与技术设计，让客户表达利益诉求，技术产品因客户需求而进行改造，让生产效率不再是技术设计的唯一标准，社会因素也成为影响技术设计的重要参考来源。这样，在他看来，技术将不再按照其原有的异化路线发展，最终实现技术解放。

　　总的来说，虽然芬伯格技术解放思想仍存在一定局限，但作为对马尔库塞技术批判思想的重大发展，芬伯格在肯定马尔库塞关于技术内含固有价值这一观点，并对马尔库塞对技术的社会性分析进行了继承性研究的同时，也在不断丰富完善自己的理论。针对马尔库塞对技术解放未来前景所

---

　　① ［加］安德鲁·芬伯格. 技术批判理论［M］. 韩连庆，曹观法，译. 北京：北京大学出版社，2005：113—114.

持的悲观态度，芬伯格则持不同意见。与马尔库塞重视理论批判不同，芬伯格的技术哲学研究注重理论与实践相结合，正是在技术实践中，芬伯格意识到了马尔库塞在审美领域寻求新技术的思想过于乌托邦，因此不同于马尔库塞选择激进社会变革实现人类解放，而试图从技术转化解决这一问题。可以说，芬伯格最终寻找到的这条技术转化路径至少比马尔库塞的乌托邦结局更加现实，为技术发展提供了一个切实可行的方案，让技术哲学实现了从技术批判向技术转化的超越。

三、本章小结

作为技术哲学领域颇具影响力的代表人物，可以说芬伯格继承了众多技术哲学思想的优点。以上便是对马克思、海德格尔以及马尔库塞技术思想的简要介绍以及芬伯格技术解放思想对它们的吸收与发展，这四种思想构成了芬伯格技术解放思想的基本框架。除了这四种哲学思想，芬伯格还借鉴了历史主义、建构主义等方法。本书的后续章节将在相应的部分讨论它们对芬伯格技术哲学的影响。可以说，正是因为理论来源的多样性，才赋予了芬伯格技术解放思想深刻的内涵。因此，如果我们要全面理解芬伯格的技术解放思想内涵，梳理其理论的形成线索是非常必要的。

第二章　芬伯格技术解放思想的思想基础

芬伯格的技术解放思想不仅吸收了马克思、海德格尔以及马尔库塞等众多技术哲学思想的优点，同时还借鉴了历史主义、社会建构主义等方法，对技术工具论、技术实体论、技治主义展开批判，建构自己的技术本质观，从而形成了芬伯格技术解放思想的基本框架。正是其思想来源的多样性，赋予了芬伯格技术解放思想深刻的内涵。因此，要彻底理解其技术解放思想内涵，不仅需要分析其思想形成的理论背景，还需了解芬伯格技术解放思想形成的方法论基础与理论批判对象。

一、芬伯格技术解放思想的方法论基础

（一）社会建构主义

1. 建构主义思想

建构主义思想可追溯至古希腊柏拉图的理念论中所提出的人类思维建

构得出知识的观点。近代的康德与黑格尔也都是建构主义思想的先驱，但直至 20 世纪 60 年代，在舒茨的现象学社会学以及后经验主义科学哲学背景下，建构主义思想才在社会理论上得到真正的复兴与进一步发展。德国社会学家卢克曼与美国社会学家伯格合著的《实在的社会建构》中对建构主义思想进行了进一步探讨，深刻影响了技术哲学家们，使他们认识到了技术的社会建构性，并启示他们应转换技术研究视角，关注社会对技术的建构作用。

SST 即"技术的社会塑造论"，是在吸收现象学社会学以及后经验主义科学哲学的基本观点并做出相应改造的基础上，成为当今欧美技术社会学领域较为流行的一种研究流派。SST 认为技术的发展受制于社会领域，受到各种社会因素包括群体利益、政治活动、文化作用的影响。过往的技术社会学研究范围都停留于技术对社会的影响，而 SST 则进一步深化、探索社会因素对技术设计的具体塑造作用，将研究范围扩展到技术的设计与决策过程，试图发现技术如何逐渐被社会因素所影响。因此，SST 的研究领域十分广泛，在他们看来，不同的国家、不同的社会群体与社会机构，在技术的研发、设计、打磨、应用各个阶段都可以对技术产生影响，由此可见技术的复杂性与多样性。

SST 研究技术的根本方法就是社会建构主义，在这方面，SST 主要吸收了"解释的灵活性""结束机制""对称性""协商"等观点，并将它们加以改造，用于技术改造的研究。首先，解释的灵活性认为技术的社会建构过程是开放的，可以负荷不同社会群体的解释，不同时期对相同技术也可以有不同的观点。解释的灵活性主张技术本身具有多种发展的可能性，社会因素的转变会导致技术的变化，而这种影响是技术可选择性的关键。因此，在他们看来，现有的技术发展现状并不是当下唯一可能的发展路向，人们对各种社会因素的选择影响了技术的发展形式。其次，结束机制是对解释的灵活性的限制，即使再灵活开放的解释也需要达成至少一个阶段性的共识，让问题得以解决，使技术进入发展的稳定阶段，并最终进入应用状态，走向市场。SST 认为，在技术进入发展的稳定阶段之前，并不存在逻辑层面上的必然性，发展结果都受到社会因素的影响。芬伯格也认同这个观点，不过他认为，技术的社会建构过程即使在进入发展的稳定阶段后也仍未结束，用户会通过技术的再设计继续进行技术的塑造过程。最后，协商指的是在技术塑造过程中，各个社会群体、技术参与者只有通过相互协商，技术才能够最终形成。在技术塑造过程中，每个技术参与群体都会表达自己的利益诉求。芬伯格也同意"技术参与者利益应当得到体现"的观点，不过在他看来，技术参与者的利益诉求如果要在技术中得到表达，技术参与者就需要真正参与技术设计，参与到技术决策过程中去，否则就很难切实保证技术参与者的个体利益。换句话说，在芬伯格看来，SST 所主张的通过协商很难真正对技术的塑造过程给出一个有力的答案。因此，对于 SST 所主张的协商方式，芬伯格选择了通过技术参与者参与技术设计过程的途径替代协商，关注技术参与者在实践层面上的参与作用。

而 SST 在追求多元化的社会因素对技术造成的可选择性以及技术发展路径的多样性的影响下，关注技术领域与社会因素的互动关系时，根据研究方法的不同，SST 内部又可划分为 SCOT，ANT 以及系统理论三个学派。首先，SCOT 即技术的社会建构论，主张将技术看作是一个发展的社会过程，反对技术主体与客体的二元对立，反对技术决定论，力图通过对个案的分析描绘出社会因素对技术的建构过程。由于社会因素是多样的、持续发展的，所以 SCOT 主张社会因素对技术的建构过程是开放的，不同社会群体都可以影响技术的形成过程，是不同群体协商的结果，是具有多种可能性的，而非是社会决定论所主张的由单一社会因素所决定。其次，ANT 将技术发展过程中的相关人类或非人类都视为行动者，这些行动者共同构成了一个行动者网络，这些不同的行动者在网络中所产生的技术冲突中塑造技术。ANT 不仅探索各种社会因素对技术的具体塑造作用，更认为这些社会因素与行动者网络中的技术因素没有区别，在塑造技术的过程中起着同样重要的作用。最后，对于系统理论，在休斯看来，技术是一个包含了技术因素与非技术因素的复杂系统，一种新技术的构建代表一个新系统的形成。因此，在他看来，对技术各个阶段的研究应该从塑造技术的各个因素之间的相互作用出发。以爱迪生发明电灯为例，休斯认为爱迪生在发明电灯的同时说服政府官员发展供电系统，可以说建立了一个系统。这一概念的提出充分反映了技术与经济、政治、社会之间并不存在行业界限，而是存在着不可分割的联系。

2. 芬伯格对 SSK 的社会建构论的吸收和发展

芬伯格对社会建构主义方法的应用，主要表现在他基于法兰克福学派的社会批判理论，将社会批判理论的批判视角延伸到了技术领域，并在社会建构主义的方法论框架内展开了技术理性批判理论研究。"我从一种后马克思主义的立场转变到我所说的'批判的建构论'的立场。"① 通过研究芬伯格 20 世纪后期的著作，如《可选择的现代性》与《追问技术》，我们可以看出芬伯格的技术解放理论主要运用了建构主义方法，从技术本质、技术设计、现代性等环节阐述了技术与社会的关系，这为我们当下面临的技术霸权提供了具有操作性的实践路径，帮助我们走出传统技术批判理论的实践困境。

虽然芬伯格的技术批判理论从建构主义对经验主义的研究那里吸纳颇多，尤其是对建构主义立场下的行动者理解技术设备与技术系统的方式受

---

① ［加］安德鲁·芬伯格. 技术批判理论［M］. 韩连庆，曹观法，译. 北京：北京大学出版社，2005：3.

益匪浅。但是他并没有全盘接纳建构主义思想，而是有选择性地看待建构主义相关观点，对其进行有选择性的吸收。在他看来，建构主义一方面并没有太过关注社会学概念，如阶级、政党等；另一方面，建构主义方法也只注重技术的初始发明与设计阶段，对于后续应用阶段没有过多关注，在一定程度上具有经验主义倾向。针对上述问题，芬伯格尝试将法兰克福学派的技术理性批判传统与 SST 的技术社会建构理论相结合，构建一个更为开放的、可选择的现代性理论，给予其更为宽广的发展空间，从而在实践层面上对技术与社会因素之间的互动关系进行更加彻底的诠释。在芬伯格看来，技术的社会建构过程从技术设计的初始阶段就已经发生，在这一立场前提下，芬伯格反对将技术看作意识形态的压抑观念，尝试建立起一个基于社会建构论背景下的技术批判理论。

芬伯格对 SSK 的社会建构论的发展和改造主要体现在三个方面。首先，芬伯格利用社会建构的方法，使用技术代码概念和双重工具化理论表达了社会价值因素与技术之间的互动关系。一方面，"技术代码"概念的提出让我们意识到，当下技术伦理价值标准的各种争论对立是人为造成的，当下的技术伦理标准随着社会价值标准的更替而不断改变，如今转化为我们当下所使用的技术代码。因此可以说，技术代码概念的提出对技术的社会建构过程的具体体现以及对技术的历史性的诠释，以及打破现有技术霸权现状具有重要的实践意义。另一方面，作为芬伯格技术哲学理论基础的"双层工具化"理论的提出也体现了社会建构主义方法的重要意义。芬伯格认为，尽管有许多理论试图定义技术的哲学本质，尝试理解传统技术和现代技术的区别，但它们未能揭示技术的复杂性。对此，芬伯格基于技术实体论和社会建构论的观点，划分出技术工具化理论的两个层次以及对应的八个环节，尝试提出关于技术本质的看法。技术工具化理论的两个层次分别为技术实体的初级工具化层面和技术设计与技术执行的次级工具化层面。

首先，在技术实体的初级工具化层面上进行分析。在这个层面上，技术将技术对象具体化。人们在剥离技术对象的前提下，通过分析技术原始材料本身，还原技术功能，以便将其引入技术系统，纳入技术设备，以利于主体的远程操作。具体到技术实践环节，芬伯格又将工具化理论第一个层面划分为去除情境化、简化法、自主化和定位四个环节。去除情景化即将技术对象与应用情景相分离；简化法即将技术对象的第一性质与第二性质分离，将其全部简化为有用性，为后续引入技术设备和技术操作做准备；自主化即在技术操作过程中将技术主体与技术对象分离；定位即技术主体将自己定位为控制技术对象的主体。在这一阶段，芬伯格主要受益于海德格尔的技术实体论，但因为芬伯格并没有从本体论的立场出发来看待海德格尔的技术实体论，所以避免了涉及技术本质的一系列问题的讨论。其次，分析技术设计与技术执行的次级工具化阶段。这一阶段，芬伯格主要从社会建构论的思想中受益颇多，意识到技术的发展不仅受制于科技领域，同时会负载社会价值，受到社会因素的影响。在这一层面上，单一的技术对象会通过各种补偿而再度背景化。在次级工具化阶段，虽然对原料采取偶然性处理，但技术原料仍负载了社会价值，单一的技术对象已纳入社会环境，就像技术设计也会确认具体组合的技术材料，技术设计已融入其他已存在的技术设备，被各种不同的社会伦理原则所规范限制。因此，在技术组合过程中，初级工具化和次级工具化并不是分别发生的，而是同时运作产生的。例如，在伐树的过程中出于审美与经济的考虑，决定了木材用于建造房屋，同时出于技术层面的要求决定了木材如何开采。而在第二个层面中，芬伯格将工具化理论划分为系统化、中介、职业和主动四个环节。在第二个层面上，与第一个层面的去除情景化相对应，系统化即将技术对象之间剥离情景并建立联系，进而被技术主体处理成技术设备；与第一个层面的简化法相对应，中介即将审美、伦理等价值概念通过技术设备的运转结合进技术设计中；与第一个层面的自主化相对应，职业即指技术主体的技术行为由自主被固化为职业；与第一个层面的定位相对应，主动即指从属于技术主体的技术对象享有一定程度的技术自由。技术代码概念与双重工具化理论的提出进一步深化了从技术的微观层面探索技术的社会建构过程，强化了马尔库塞的"社会决定技术"的观点。"纵使马尔库塞没能卓有成效地开展其富有远见的主张，但是他揭示的技术由社会决定的认识归根到底是具有前瞻价值的。"① 与此同时，芬伯格吸收了SST一元论的研究方法，在分析技术与社会因素的互动关系时，反对技术主体与技术客体二元对立的传统观点，试图说明在技术的形成和应用过程中，各种社会与技术因素的交互影响作用，使我们对技术塑造的研究视角更加开阔，研究范围更加全面。

其次，在社会建构主义思想解释性缺乏的概念背景下，芬伯格为打破技术理性的必然性，强调技术的可选择性，提出"解释学的建构主义"，试图为其技术民主提供一种建构主义研究路径。在芬伯格看来，技术的解释灵活性代表其具有多种技术潜能，在社会生活中具有多种可能的发展方向，可以被服务作用于不同社会群体。如互联网既可以被用于服务社会大众，促进民众交流，也可以被行政管理机构用于对民众的监管。又如自行车，虽然是同样的技术装置，但在不同的功用诉求背景下有完全不同的技术功能发展路向。因此，在芬伯格看来，当下的技术发展现状只是技术潜能实现的一个部分，并不是不可改变的。尤其在信息爆炸的互联网时代的今天，现存技术对于各类不同群体都有着不同程度的重要价值，因为已经实现的技术潜能又有可能随时发生变化，不会永久适宜。所以，可以说相较于缺

---

① ［加］安德鲁·芬伯格. 哈贝马斯或马尔库塞：两种类型的批判［J］. 马克思主义与现实，2005（6）：88.

乏哲学批判深度的 SST，引入超越性概念，提出解释学的建构主义的芬伯格在技术社会建构的实践层面上的研究论证更加深刻。此外，尽管 SST 分析了各种社会价值因素对技术的塑造过程的影响，但对于在技术的塑造过程中如何进行技术转化，并没有进行进一步的深入思考，这也是 SST 在一定程度上缺乏价值取向的结果。而芬伯格则是在实践层面上坚持以价值取向指导技术的社会建构研究，从而不能忽视对技术的评价以及对技术选择的后果，最终力图实现为技术转化提供实证论与超越论的综合研究传统。将技术的社会建构过程从理论具化为技术转化的方法说明，离不开其在技术的意识形态批判过程中对超越性概念的应用从而规范技术的发展。对于芬伯格而言，之前不被重视的超越性概念如果要得到表达，就要通过解释学的建构主义，在建构主义路径下尝试探求技术的可选择性，进而冲破现存的技术霸权现状，以实现技术解放的目标。

最后，相对于一些建构主义者如皮克林所主张的技术选择是绝对开放的立场，芬伯格则是反对彻底的相对主义，认为这种彻底的相对主义主张在真实的技术世界里是无法成立的，会受到种种不平等因素的限制与影响，而且这种不平等状况是不会像相对主义者所期望的那样被打破。尽管这种不平等现状是不合理的，但芬伯格表示这不代表我们只能接受，而不能改变。在他看来，我们可以让在各种社会因素的影响下的技术以一种更加积极的方式实现更加合理的转变，这种态度既回避了彻底的相对主义的极端情况的发生，又避免了陷入悲观主义的现状。

（二）历史主义

受 20 世纪 60 年代兴起的库恩历史主义的影响，以及基于对技术工具论和技术实在论的批判，芬伯格为自己的技术解放思想建立了历史主义技术观的理论基石。芬伯格的技术解放思想在吸收技术工具论与技术实在论的理论精华同时，认为现代技术虽然是人类不可打破的宿命，但实现一种解放人类、可以转化的新技术并不是不可实现的乌托邦。所以芬伯格分别对这两种理论进行借鉴和批判。一方面，对于技术实在论，芬伯格吸收技术实在论中关于"技术系统构造世界"的观点，得出现代技术与人类社会相互塑造的结论。然而，芬伯格只是在技术本质上持反实在论的立场，但并不反对现代技术本身的实在性。而另一方面，对于技术工具论，芬伯格也肯定了技术工具论的立场，反对宿命论，反对将技术视为单纯的工具，将之视为人类的宿命。然而，芬伯格虽然对技术实在论和技术工具论都有所肯定，但他认为，尽管技术工具论与技术实体论的观点有很多差异，但本质上无论是技术工具论，还是技术实体论都是一种非历史主义的技术观，它们都认为技术是不受人类干预的，其本质是不可转变的，并有着自主的发展逻辑。而芬伯格在技术本质层面上否认技术有固定不变的本质。为此，芬伯格在技术本质观的研究上将库恩的历史主义方法引入其中，进一步证明了技术的中立性只是人为建构的假象，技术的发展不是一个确定的发展序列，而是一个具有多种可能发展方向的偶然过程，技术也并非一种不可改变的天命，而是一个"斗争场景"。

在批判技术工具论与技术实体论的非历史主义立场的同时，芬伯格认为，技术工具论和实体论中也有值得借鉴的方面。一方面，芬伯格吸收了技术实体论的技术价值负载性思想，从根本上重新诠释了技术的可变性观点。另一方面，他的技术批判理论与技术工具论在反对宿命论上观点一致，即要肯定现代技术对人类社会现代化进程的功绩，不能只对现代技术进行浪漫批评，也不能选择回归技术传统来抗拒现代技术。

总的来说，芬伯格立足于现实，从社会历史的角度研究了现代技术的发展，创造性地认为现代技术的发展是可以选择的。在芬伯格看来，我们不能单纯地批评并抗拒现代技术，而应该意识到技术的发展是一个历史主义平台，是由不同社会价值因素如利益、审美、道德等所共同塑造的，技术产品不是独立个体，而是体现历史性与社会价值的产物。芬伯格指出，通过更新技术设计，我们可以实现技术转化，使现代技术能够克服现有技术的弊端，从而负载更多人的利益、价值等社会因素，并最终实现技术的解放潜能。在他看来，尽管现代技术相对独立，但我们可以通过社会、经济和文化等因素塑造技术，影响技术的发展，并调整技术设计环节，让技术设计能够更多地考虑到参与者的利益，为人类带来一种更为公正和自由的新技术。因此，可以说芬伯格在一定程度上肯定了现代技术在现代社会中的积极作用，正是这种积极态度使他能够结合技术实在论和社会建构论的优点，提出了技术的双层工具化理论。

总之，受库恩历史主义的影响，20 世纪 60 年代以后发生的技术哲学突破了以海德格尔等为主要代表的经典技术哲学的技术决定论模式，开始关注和强调社会因素对现代技术的建构作用。

二、芬伯格技术解放思想的理论基础

技术理论是对技术的整体认识，而人们对技术的认识主要分为技术价值论、技术统治论和技术本质论等观点。因此，如果芬伯格想要更清晰地表达自己的技术理论并探讨对技术本质的认识，就需要将过往的技术本质思想进行梳理和批判吸收，这样才能更好地呈现出其技术理论特点。因此，在了解完芬伯格技术解放思想的理论背景和方法论基础后，我们继续对芬伯格技术本质观的批判对象及其本人建构的技术本质观展开分析。

（一）芬伯格技术解放思想的批判对象

在借鉴吸收阿尔伯特·伯格曼的《技术和现代生活的特征》一书中划

分技术理论方法的基础上，芬伯格在《追问技术》中又将经验转向之前的技术理论划分为技术工具论和技术实体论两大派别。这两种技术哲学观点被归为经典技术哲学，其主要思想发展时期大概在 20 世纪 20 年代 ~ 90 年代，这两种技术观点以宏观层面上的技术作为研究讨论的对象。技术工具论将技术只视为从属于社会其他领域的一种附属性质，是实现人们目的的工具，最终为社会创造价值。技术工具论中的技术不包含任何社会价值，只是达到社会目的的手段，与政治无关，其技术价值是在其所附属的领域之中实现的。而技术实体论则是以海德格尔和埃吕尔为代表，将技术视为一种实体的意识形态，是一种脱离控制、能够按照自主逻辑发展，并控制各个社会领域活动的独立文化实体。技术实体论将整个世界看作是被技术控制的客体，认为现代技术的价值与传统技术完全不同，而且技术的应用如果不加以限制，对人类社会的影响可能会远远超乎人们的想象。

在芬伯格看来，技术工具论和技术实体论这两种观点都有其合理性，但也存在一定的缺陷。因为这两种理论都是站在技术本质论的立场上，并没有谈及技术的可选择性问题。针对这一缺陷，芬伯格指出，我们要做的不只是简单的抛弃或支持，而是要意识到技术具有可选择性的一面。因此，在批判吸收现有的技术工具论和技术实体论这两种理论基础上，芬伯格引入了社会建构主义的方法，对这两种技术理论进行调和与发展，并提出了自己的具有整体性的技术本质理论，进一步揭示了技术发展的多样性，试图开辟技术发展的新的根本性变化之未来前景。如果我们想深入了解芬伯格的技术解放思想内涵，首先需要了解技术工具论和技术实体论。

1. 技术工具论（Instrumental Theory of Technology）

作为经典技术哲学的一种观点，技术工具论是在日常世界中被人们最广为接受的一种技术思想。技术工具论的观点由来已久，最早可以追溯到亚里士多德，尤其是从工业革命到20世纪后期，技术工具论成为了技术哲学思想的主流。技术工具论思想建立在现实常识观念的基础上，它将技术只视为服务于社会的一种单纯的使用工具。

技术工具论主张技术本身是中立的，自身并不附带任何价值倾向与利益诉求，技术自身只是一种达到目的的手段，并没有附带任何社会价值内涵。在现实社会中，技术因为被看作是理性中立的而被认为具有普遍合理的标准，为人们的行为提供了一般性准则和行为规范。也正是在技术工具论的主张背景下，由于技术所具有的普遍合理性特质在任何地方都发挥相同的作用，这也使得生产效率成为当代社会真正的标准，并促使人们形成了公平交易的思想。总之，随着工业革命的到来，科学技术水平得以迅速进步，技术工具论所主张的"社会决定技术"的思想进路在科学技术领域也被广泛传播，而持有技术工具论观点的代表学者主要有梅赛纳、卡希尔和雅斯贝尔斯等。美国哈佛大学教授梅赛纳是支持技术工具论的知名学者之一，梅塞纳指出，任何技术工具在任何情境下都发挥作用，比如一个咖啡杯是用来装咖啡的，一个咖啡机是用来制作咖啡的，这些工具不会因社会性质的改变而发生作用的变化，不会因是社会主义社会或是资本主义社会，其工作效率就发生变化。"技术为人类的选择与行动提供了可能性，但也使得对这些可能性的处置处于一种不确定的状态。技术产生什么影响，服务于什么目的，这些都不是技术本身所固有的，而取决于人用技术来做什么。"① 德国著名的存在主义哲学家雅斯贝尔斯也持有技术工具论的立场。在 *Jaspers Origin and Goal of History* 中，雅斯贝尔斯指出，"技术在本质上既非善的也非恶的，而是既可以用于为善也可以用于恶。技术本身不包含观念，既无完善观念也无恶魔似的毁灭观念。完善观念和毁灭观念有

---

① 高亮华. 人文主义视野中的技术［M］. 北京：中国社会科学出版社，1996：12.

别的起源，既源于人，只有人赋予技术以意义"①。因此，可以说雅斯贝尔斯完全排除了技术本身负载社会价值的可能性，认为技术完全不包含善恶的观念，一切赋予技术以意义的行为都是行为者所给予的，而非技术本身。

技术工具论所主张的中立性特点认为技术就像水一样，不附带任何价值内容。它不会为目的增加其他东西，仅仅被作为一种催化剂，或是在另外一种情况下，以一种新的方式得以实现它的目的。②针对技术工具论所强调的技术的中立性特点，芬伯格提出了技术工具论所追求的技术中立主要有四个特质，分别为技术的工具性特质、去政治化特质、普遍性特质以及衡量技术的唯一标准是效率。

首先，技术的工具性特质强调技术只是作为一种满足使用者需求的手段出现，而与使用者的目的没有任何联系。"技术的中立性仅仅是一种工具手段的中立性的特殊情况，技术只是偶然地与它们所服务的实质价值相关联。"③所以技术的应用只是为了偶尔地实现特定目的，其本身没有任何实质价值。其次，技术的去政治化特质指的是在技术工具论的理论背景下，技术是独立于政治的，不会随着政治变化而改变。尤其在当代的两个主要社会性质即资本主义与社会主义的政治背景下，尽管各种社会因素都会发生一定程度的变化，但作为工具的技术所发挥的作用不会发生改变，至少在现代社会是如此。技术在任何情境都会产生相同的效率，转移技术只取决于转移的技术成本。再次，技术的普遍性特质指的是技术与社会政治无关，而是建立在可证明的因果论题上，所以技术就如同科学观念与命

---

① 刘文海. 技术的政治价值［M］. 北京：人民出版社，1996：45.

② ［加］安德鲁·芬伯格. 可选择的现代性［M］. 陆俊，严耕，译. 北京：中国社会科学出版社，2003：25.

③ ［加］安德鲁·芬伯格. 技术批判理论［M］. 韩连庆，曹观法，译. 北京：北京大学出版社，2005：4.

题逻辑一样具有普遍性且真实可靠，在任何能想象出来的一种社会情境中都能保持它的认知形态。因此，如果能够在当下社会真实有效，我们同样也可以期望这一技术在其他社会一样真实有效，发挥可靠的作用。"技术所依赖的可证实的因果命题不仅与社会和政治无关，而且它们像科学观念一样，在任何能想象出来的社会情景中都能保持它们的认知状态。"① 最后，技术的唯一衡量标准即效率标准。因为技术在任何社会情境中都能维持同样的技术本质，保证同样的效率标准，所以效率也就成为了与伦理、宗教、环境等标准不相容的、衡量技术的唯一标准。因此，技术的中立性就意味着衡量技术的唯一标准即效率标准可以适配到不同的社会背景中。由此可知，技术工具论强调的是技术的本质是中立的，即在任何社会情境下，技术的本质都不会发生改变，效率也不会发生变化。而就像芬伯格说的："在各个时代、各个国家和各种文明中，技术都被认为可以提高人类的劳动生产效率。"②

然而，技术工具论存在着一定的局限性。由于建立在人们的现实常识基础上，技术工具论在技术哲学中有着悠久的传统，也是最为人们所广泛接受的。直到20世纪中叶之后，随着工业革命的不断发展，技术在社会中扮演的角色越来越重要，技术的负面效应也逐渐显现，技术哲学家们开始对技术本质展开更深层次的思考，更多地关注技术与社会之间的互动关系，指出技术在很大程度上受到了社会因素的影响。并进一步对技术工具论提出疑问，技术工具论在技术哲学界中的重要地位，也因此在很大程度上受到了动摇。例如，海德格尔对技术的工具性的理解就是对技术的正确

---

① ［加］安德鲁·芬伯格. 技术批判理论［M］. 韩连庆，曹观法，译. 北京：北京大学出版社，2005：5.

② Feenberg A. *Critical Theory of Technology*［M］. New York：Oxford University Press，1991：5—6.

性反映，而不是对技术的真实反映。所以，"单纯正确的东西还不是真实的东西。唯有真实的东西才把我们带入一种自由的关系中，即与那种从其本质来看关涉于我们的关系中"①。而在上述对技术工具论观点反思的启发下，芬伯格也从技术的中立性特质出发展开了对技术工具论的批判。芬伯格指出，技术工具论并没有揭示技术的真正本质。芬伯格认为，技术之所以被看作是具有中立性特质的，是因为技术工具论者认为技术坚持着唯一的效率标准，同时在任何情境下效率都保持不变，不受社会因素的影响，因此也就不附载任何社会价值。不过在社会建构主义的理论背景下，芬伯格认为技术实质上是多种社会因素共同建构的产物，是可以被改变的，并附载着社会价值的。芬伯格指出，在现实生活中，人类的种种技术行为并不是单独产生的，技术的设计、开发与应用等各个技术发展环节背后都暗含着人与人、人与自然以及社会之间的各种互动关系。所以芬伯格认为，技术的效率标准并不是恒定唯一的，而是含有很多社会因素的结果，中立性只是最后交互作用完成后的虚假表象。因为这些技术手段只有在被设计出来应用于所服务的各个目标领域之中才会是中立性的，在他看来，在当代现代技术背景下，当我们试图适应技术工具论所提出的这种中立的技术时，就已经被技术理性所主导的异化体系所限定了，所以我们想要实现真正的技术中立是不可能的。这些技术的目标领域都是有其自身规律的封闭领域，但是当技术的目标领域发生转变时，如从资本主义转化为社会主义时，"即生成为获取一个不是由现存手段支撑的目标的一个框架的可能性"②，技术就不会再产生原来预期的结果。所以，也正是通过对技术工

---

① ［德］马丁·海德格尔. 海德格尔选集：下［M］. 孙周兴，编选. 上海：上海三联书店，1996：926.

② Feenberg A. *Transforming Technology: A Critical Theory Revisited*［M］. Oxford University Press，2002：53.

具论中立性本质的深入分析，芬伯格才更加意识到技术工具论所强调的技术中立性这些特质表现都只是表象，并不是真正的中立。

2. 技术实体论（Substantive Theory of Technology）

与技术工具论所持观点不同，技术实体论认为技术不再只是一种手段，而是已经成为一种新的文化体系，影响着人们的生活方式。技术实体论是二战后兴起的极具影响力的技术思想。技术实体论这一理念主要代表人物是马克斯·韦伯、雅克·埃吕尔和海德格尔。与技术工具论类似，对于技术理性异化问题，技术实体论者也持有技术悲观主义的态度。不过技术实体论者对技术工具论简单地将技术效率的提高断定为技术进步的观点提出批判，认为当代技术已经不再只是一种手段，不再只停留在效率的进步，而是在技术的主导下已经发展演变为一个新的文化体系，一种新的生活方式，已经成为一种独立于人们控制的天命。随着技术的不断进步，在这种全新文化体系的主导之下，整个自然与社会都成为了被统治的对象[1]，都成为技术体系被控制的一部分。对此，人们只能面临两难选择，要么"只有回归传统或简朴才能提供一种对进步的盲目崇拜的替代形式"[2]。

马克斯·韦伯早期所提出的蕴涵着悲剧色彩的理性化的"铁笼"概念，就将技术体系的统治描绘为敌托邦情景，认为我们无法摆脱技术支配地位下的牢笼。然而马克斯·韦伯并没有将这套理论体系与技术深度结合起来并提供出一种明晰的解决方案，雅克·埃吕尔则是首个将这一概念与技术的联系明确表达出来的人。作为著名的技术实体论者，雅克·埃吕尔对技术提出了一个宽泛的定义。他将技术定义为在人类活动的各个领域通过理

---

① ［加］安德鲁·芬伯格. 技术批判理论［M］. 韩连庆，曹观法，译. 北京：北京大学出版社，2005：6.

② 杨庆峰. 海德格尔技术追问的双重品质［J］. 哲学分析，2015，6（5）：128.

性获得的有绝对效率的所有方法。在埃吕尔看来，技术已经深入渗透到人类社会的各个领域，技术现象已经成为现代社会的典型特征，技术已经不再受社会的控制，具有独立自主的特性。生活在这种技术体系统治下的人们会因为技术的压迫而无所作为，只能听天由命，目睹着技术体系不断向外扩张，逐渐演化为一种打破传统价值体系的相对自主的文化统治力量，成为一种人们无法抗拒的生活方式。因此，埃吕尔的技术哲学体系同样带有悲观主义色彩。海德格尔也持有技术实体论的观点，并对技术持有一种悲观态度。在他看来，解蔽是技术的本质，在技术的促逼之下，在技术周而复始的循环所形成的严密体系之下，我们无法摆脱被技术奴役的命运。"这种促逼之发生，乃是由于自然中遮蔽着的能量被开发出来，被开发的东西被改变，被改变的东西被贮藏，被贮藏的东西又被分配，被分配的东西又重新被转换。开发、改变、贮藏、分配、转换乃是解蔽之方式。"[①]海德格尔认为，这种技术体系下的技术已经成为"座驾"，不再受人类的支配，不再是一种工具手段。而人们在技术的发展过程中也已经成为了被动的受技术系统控制，作为技术系统研究对象的"持存物"。"这是那种摆置的聚集，这种摆置摆弄人，使人以订造方式把现实事物作为持存物而解蔽出来。"[②]在技术面前，事物会进入非自然状态，失去其固有本质。我们也会失去自己的自主能动性，听任技术的摆布。所以，在海德格尔看来，我们除了逃离技术社会，选择诗意栖居，别无他法。"强求性的要求会集于人，以便把自我展现的东西预定为持存物。我们现在称这种强求性

---

　　①　［德］马丁·海德格尔. 海德格尔选集：下［M］. 孙周兴，编选. 上海：上海三联书店，1996：217.

　　②　［德］马丁·海德格尔. 海德格尔选集：下［M］. 孙周兴，编选. 上海：上海三联书店，1996：942.

的要求为座驾。"① 因此，我们可以发现，马克斯·韦伯、埃吕尔和海德格尔实质上在面对技术理性异化问题时都持有一种悲观态度。在他们看来，在技术面前，人类除了退却没有其他更好手段，只能回归传统的手工劳动时期，否则只能接受对技术的盲目崇拜。

在深入解读技术工具论和技术实体论的过程中，芬伯格指出，这两种技术观点都存在一定的缺陷。针对这两种技术理论，芬伯格以快餐代替传统晚餐为例，阐述了技术工具论和技术实体论之间的差异。在芬伯格看来，技术实体论者会认为快餐取代传统晚餐是技术发展的无意识后果，没有人会意识到是快餐的发展——这一以新技术为基础的生活方式的出现导致了传统家庭的减少。而技术工具论者则会认为晚餐只是人类一次正常吸收热量的进食过程，我们不应赋予它过多的社会意义。因此，快餐也只是提供了一次营养充足的晚餐，并没有导致传统家庭的衰落，而是意味着一种新的生活方式的出现。尽管这两种观点相互对立，但这两种技术理论在芬伯格看来都属于技术本质主义，实质上都把技术的本质看成了一种无法改变的事物。这两种技术理论都采取了接受或拒绝的态度，利用或抛弃的简单手段应对技术。它们并没有尝试选择改造当下的技术体系以替代现有的技术体系，而是将当下的技术体系看作既定的存在，认为无法被接受就要被拒绝。因此，芬伯格认为，这两种技术力量只是持有对技术本质的片面看法，而未曾涉及技术的可选择性问题，并不能真正把握技术本质的多元性。

而针对技术的可选择性特征，寻找可替代技术的可能性问题，正是法兰克福学派技术批判理论的核心内容，也是芬伯格对技术实体论批判的主要方向。芬伯格进一步深入对技术本质的探寻，并对技术实体论从三个方

---

① ［德］冈特·绍伊博尔德. 海德格尔分析新时代的科技［M］. 北京: 中国社会科学出版社，1993: 77.

面展开批判。首先，芬伯格反驳技术实体论所主张的技术是一种人类无法抗拒的天命的观点，芬伯格指出，"它使得现代的人类不但不能选择自己的命运，甚至不能选择自己的手段"①。在芬伯格看来，虽然技术是当代社会的重要组成部分，但其实是一种社会产物，是由多种社会因素所影响和塑造的，因此人类是可以改造技术的。随着技术的发展，人们可以根据自身需求的变化去设计符合自身价值需求的技术。所以，芬伯格鼓励人们积极参与技术设计过程，改变技术奴役人们的天命，赋予技术以新的活力，从而与传统的技术本质主义区分开来，为未来新技术的发展提供无限可能。其次，针对技术实体论的悲观主义色彩，芬伯格也对其展开批判。芬伯格指出，尽管当代社会存在着技术霸权现象，这让人们在一定程度上失去了自主能动性，给人们的社会生活带来了负面影响，但我们也应充分肯定现代科学技术的进步为人们社会生活水平的提高所作出的重要贡献，而不是将技术看作噩梦对其持以全面批判的态度。同时，芬伯格也提出了鼓励民众积极参与技术设计，进而改变技术霸权的解决路径。这意味着现代技术的自主理性并不是无法被打破，一种解放人类与自然的新技术在理论层面上是可能存在的。所以，芬伯格所持有的是一种乐观主义的态度。最后，面对技术实体论所强调的技术在社会中所扮演的决定性作用以及这种技术霸权所导致的人类自主能动性的削弱，芬伯格也对其进行了批判。芬伯格指出，技术实体主义只揭示了技术在当代社会中的主导性地位，但并没有意识到在技术影响社会活动的过程中，技术霸权对人类自主能动性的伤害。在芬伯格看来，技术背后其实是由各个社会因素所建构的，是暗含着人与人、人与自然之间的各种关系的。所以只要民众积极参与技术决策，寻找

---

① Jacques Ellul. *The Technological Society* ［M］. Translated by John Wikinson. New York：Alfred Alknopf，1964：134.

到技术可以被重新设计调整的可能性，就完全有可能改变技术的发展方向，创造出一种解放人类和自然的新技术，让人们不再被技术所奴役。

因此，面对传统的持悲观态度的技术工具论和技术实体论，芬伯格持乐观态度，选择通过引入社会建构主义的方式走技术批判理论的道路，"技术批判理论势必会扫清阻滞专业技术发展的知识阶层文化遗留的障碍，并对现代技术思想进行深层次的反思，从而从根本上重新设计技术。以此使技术以自由的气息来适应蓬勃发展的社会需要"①。同时，在提出技术批判理论的基础上，芬伯格清理传统的被意识形态所左右的技术设计，对现代技术环节加以改造，以实现技术批判理论的最终目的，即创建出一种解放人类和自然的新技术。但是，尽管芬伯格对技术工具论和技术实体论都展开了批判，但他也吸收了这两种理论的合理之处。在面对技术实体论时，芬伯格指出，技术实体论揭示出技术不只是技术因素建构的产物，而是同样具备社会文化特性，可以塑造人们的文化传统，影响人们的生活方式。所以实际上，芬伯格对技术工具论和技术实体论的批判是一种"扬弃"。

3. 技治主义

除了经典技术哲学中的技术工具论和技术实体论这两个重要观点，技治主义也是近年来技术哲学研究的重要方向之一。作为技术政治学研究的重要方向之一，以科学技术理论为基础的 Technocracy 思想自 20 世纪 30 年代被翻译介绍到国内至今，随着大数据等信息通信技术的快速发展和广泛应用，Technocracy 思想已成为当代社会运行治理的重要特质。芬伯格甚至认为当代社会已经是一个"Technocracy 社会"②。所以针对 Technocracy 思

---

① ［加］安德鲁·芬伯格. 技术批判理论［M］. 韩连庆，曹观法，译. 北京：北京大学出版社，2005：14.

② 刘永谋，兰立山. 泛在社会信息化技术治理的若干问题［J］. 哲学分析，2017，8（5）：4.

想本身及其相关问题，国内学界展开了一系列的研究。然而，从民国时期到现在，Technocracy 思想仍未形成统一的中文译名，从"推克诺克拉西"，"技术政治"再到"专家政治"，"专家治国（论）"以及"技治主义"出现了多个译名，国内主要从音译和内容两个维度来翻译。首先是从音译的维度来对 Technocracy 进行翻译，如"推克诺克拉西"；其次是从内容的维度去翻译，如"技术统治""专家治国论"等。而伴随着根据音译将 Technocracy 翻译为"推克诺克拉西"，以及根据内容将 Technocracy 翻译为"技术政治""专家治国论"的学者逐渐减少，近年来在科学管理原则基础上，李醒民和刘永谋提出了 Technocracy 的新译名即"技治主义""技术治理"。在李醒民将 Technocracy 翻译为"技治主义"之后①，刘永谋围绕"技治主义"发表了一系列文章。虽然随后刘永谋认为"Technocracy 主要指的是一种社会治理模式或者政治运行体制，并非专指一种体系化的支持技术治理的理论"，但是"技治主义"的译名也不太准确，因此又提出"技术治理"的译名②，不过"技治主义"这一译名已被一些学者所接受。

对于技治主义，芬伯格在《追问技术》中主要将其视为是以科学专家为合法性基础的管理机制。"我使用的'主义'意味着一种广泛的管理体制，其合法性由科学专家而不是传统、法律或人民意志赋予。技治主义管理在何种程度上是科学的是另一个问题。在某些例子中，新知识和技术真正支持更高的理性化水平，但是经常是：伪科学行话的变戏法和可疑的量化是技治主义风格与理性探索之间所有的联系。"③芬伯格在分析技治主义内涵的过程中提出了技治主义的三点理论特征。首先，技治主义不仅是

---

① 李醒民. 论技治主义［J］. 哈尔滨工业大学学报（社会科学版），2005，7（6）：1—5.

② 刘永谋. 技术治理的逻辑［J］. 中国人民大学学报（社会科学版），2016（6）：118—127.

③ Feenberg A. *Questioning Technology*［M］. New York：Routledge，1999：4.

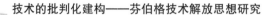

一种思想观点，还是一种在社会各个领域都广泛存在的组织形式，技术规则也就是社会组织的运行规则，即"社会组织必须在发展的每一个阶段上，根据技术'律令'的需要来适应技术的进步"①。其次，技治主义将公众在社会领域的争论可能以赋予科学专家决定社会管理的方式所取代。最后，在芬伯格看来，由于技治主义理念不仅在发达资本主义社会运行的宏观层面发挥作用，同时也在社会结构的各个微观领域都起着重要作用，所以，芬伯格认为当代社会也可以被称作"技治主义社会"。"它的主要特点是人所共知的。科学—技术的思维成了整个社会的逻辑。政治仅仅是研究和发展共识机制的普遍化。个人不是通过压迫而是通过理性认同被融入社会秩序中。他们的幸福是通过对个人和自然环境的技术控制而取得的。权力、自由和幸福，所有这一切因而都建立在知识的基础之上。"②芬伯格随后又论述了技治主义盛行的原因，在他看来技治主义的盛行主要有三个思想原因。首先，现代技术的巨大成功使人们相信科技发展在社会运行中可以发挥更多力量，"研究而不是选民不成熟的意见将确定最有效的行动过程"③。既然科学技术的发展决定了社会发展的总体方向，那么科学思想和技术方法也就是合乎历史发展规律的社会运行方式，因而科学化也就成为社会治理方式唯一的选择。技术决定论在 19 世纪下半叶和 20 世纪上半叶盛极一时，20 世纪三四十年代美国的技治主义运动正是在这种背景下出现，技治主义也伴随着这场运动逐渐风靡全球。④其次，第二次世界大战

---

① ［加］安德鲁·芬伯格. 技术批判理论［M］. 韩连庆，曹观法，译. 北京：北京大学出版社，2005：173—174.

② ［加］安德鲁·芬伯格. 可选择的现代性［M］. 陆俊，严耕，译. 北京：中国社会科学出版社，2003：186.

③ Feenberg A. *Questioning Technology*［M］. New York：Routledge，1999：2.

④ 刘永谋. 论技治主义［J］. 哲学研究，2012（3）：91—104.

之后，前苏联的意识形态破灭，技治主义的出现填补了意识形态思想的空白。芬伯格指出，技治主义实质上是社会中产阶级的意识形态和解决方式。中产阶级主要按照职业而非通过经济关系进行划分，主要通过教育选拔而非通过继承获得身份。其中，知识分子、技术专家和工程师是中产阶级主体，也是技治主义的主要实施主体，这也正是技治主义盛行的主要原因。"中产阶级的成员通常在获得适当的教育证书后，就被雇佣来从事建立在特殊的技术代码基础上的行为。中产阶级不同于现代社会中起源于一种'有机的'经济过程的其他阶级，他们是通过选拔过程来获得他们的阶级身份，而这来源于一定的知识体系的专业关系。"[①] 然而，芬伯格也认为，中产阶级对于技治主义的自觉和信心是有限的，尤其是1968年法国"五月风暴"之后，他们无法将自己视为统治者或工人阶级，而是"在传统精英和普罗大众间摇摆"[②]。最后，当代工业社会将人视为社会机器的控制对象，将真理看作执行范畴的工具主义思想盛行，而工具主义思想可以与技治主义适配，有力地支持了技治主义理论。在发达资本主义社会中，技术理性不仅局限于生产实践中，还渗透到社会管理领域，技治主义正是技术理性在社会管理领域的具体体现。"技术合理性的永久标志是生产和社会统治并行的预设。"[③]

因为芬伯格支持民众参与的民主社会主义，所以芬伯格站在民主社会主义的立场上，对渗透发达资本主义社会的技治主义提出诸多批判。在他看来，技治主义这一观念的建立前提就是矛盾的，在以科学证明的方式

---

① ［加］安德鲁·芬伯格. 技术批判理论［M］. 韩连庆，曹观法，译. 北京：北京大学出版社，2005：200.

② Feenberg A. *Questioning Technology*［M］. New York：Routledge，1999：32.

③ ［加］安德鲁·芬伯格. 技术批判理论［M］. 韩连庆，曹观法，译. 北京：北京大学出版社，2005：79.

怀疑其他信仰的同时又让技术理性在资本主义社会中以信仰的形式发挥作用，"技术专家治国论的观念建立在两种自我矛盾的前提基础之上：一是对科学有效性的信心，而技术专家治国论却通过使研究服从于市场而破坏了这种信心；二是对构造各种决定论的系统的信仰，而科学本身现在已经怀疑这种信仰"①。因此，芬伯格指出，技治主义实质上就是一种为维护权力制度，将社会控制合法化，从而以科学技术为手段制造信息垄断的一种具有欺骗性的意识形态。"技术专家治国论的权威是建立在现代社会建立共识最有效的机制基础之上的——由于决定论的发展观念使技术选择神秘化了。"②同时，技治主义这种剥夺民众参与权力，扩大管理者权力的方式，也让芬伯格对技治主义持保留意见，认为这种管理模式并没有给民主留下空间。"在 20 世纪 60 年代，社会主义被改造成与资本主义的技术专家治国论和共产主义的官僚政治相对立的激进的民主意识形态。自那以后，社会主义就与人类解放的广义概念联系了起来，这包括性别和种族平等、环境改善和劳动过程的人性化。"③所以，在芬伯格看来，技治主义并不是出于技术要求，而是出于权力需求去维护社会等级制度，将社会控制合法化，技治主义本质上是与资本主义社会统治阶级增强技术代码操作自主性的权利诉求保持一致的，"技术专家治国论就不是'技术规则'的结果，而是在特殊的发达社会环境下追求阶级权力的结果"④。

---

① ［加］安德鲁·芬伯格. 可选择的现代性［M］. 陆俊，严耕，译. 北京：中国社会科学出版社，2003：153—154.

② ［加］安德鲁·芬伯格. 可选择的现代性［M］. 陆俊，严耕，译. 北京：中国社会科学出版社，2003：11.

③ ［加］安德鲁·芬伯格. 技术批判理论［M］. 韩连庆，曹观法，译. 北京：北京大学出版社，2005：前言 3.

④ ［加］安德鲁·芬伯格. 可选择的现代性［M］. 陆俊，严耕，译. 北京：中国社会科学出版社，2003：110.

在民主社会主义立场批判技治主义的基础上，芬伯格对重构技术理性的问题展开探讨。作为马尔库塞的学生，芬伯格在西方马克思主义的立场上对技治主义提出批评的同时，又从民主社会主义的角度融入社会建构主义的观点沿着意识形态批判的方向，试图为突破技治主义控制寻找出一条更具操作性的路径。芬伯格主要提出了三个方案：首先，引入社会建构主义重构技术代码，走民主社会主义道路进而对当下的资本主义社会进行民主化改造。在技术设计过程中需要强调民众参与，让民众而非技术主导社会主义过渡，以达到破除技治主义迷信、真正解放劳动力的目的。其次，尝试探索前苏联以及发达资本主义社会之外的新道路，以此证明我们可以通过技术体系的重构走出发达资本主义和共产主义之外的第三条道路，从而达到消解技治主义的目的。芬伯格指出，对于改造技术设计过程，我们可以借鉴前期技术的实践经验。在他看来，过去的技术产品是和谐的统一体，没有割裂手段与目的、功能与形式等，从而避免了事实与价值的二元对立。而现代技术则失去了传统工艺这种和谐的统一性，技术产品传达不出传统技术工艺带来的丰富的象征性。所以，在他看来，如果要进行技术设计的二次改造，我们可以考虑借鉴传统技术产品的设计实践经验。最后，芬伯格借鉴了日本、中国等非西方传统发达资本主义国家的技术文明思想，尝试为当代技术理性重构带来灵感。通过对中国、日本等非西方传统发达资本主义国家的技术文明进行考察研究，芬伯格认为我们可以将现代技术视为交往机器而非控制机器，让民众更多地参与技术设计，使技术为民主化而非技治主义化而服务。在这几种改革路径下，中产阶级主体部分都会在更加多元的选拔方式下被重构完成，管理者的技术权力也会被有效削减。然而，芬伯格这种引入社会建构主义的操作方式也会导致理论基础，即在技术因素与社会因素的互动关系上，在建构技术规划和文明规划的过程中存在深层矛盾。一方面，芬伯格认为技术规划是文明规划的关键，因为在一定程度上，技术能否重构决定了民主社会主义能否真正实现，而另一方面又认为新文明规划的出现可以让社会重新进行技术规划。因此，芬伯格针对技治主义的改革路径，不可避免地陷入模糊之中，很容易被指责为理论拼凑或循环论证。芬伯格的技术解放思想的深层矛盾根植于传统西方哲学的二元论思维方式的束缚，默认了技术因素与社会因素的对立，他并没有建构全新的概念体系消解对立，而只是试图通过简单的概念杂糅避免与原有的概念冲突。

所以，我们虽然要肯定芬伯格为批判技治主义做出的重要研究贡献，肯定其将技治主义与现代性批判联系起来对技治主义展开批判的理论价值，但我们仍然要看到，芬伯格在批判技治主义、讨论技术理性重构问题时其技术解放思想所内含的深层矛盾，这些矛盾对于解决实际技术问题往往有害无益，容易让我们走入难以自拔的悲观之中。

（二）芬伯格技术解放思想的理论基石

对技术问题的探索，首先不可避免地需要展开对技术本质问题的探讨，只有认清技术的本质，才能更好地解决技术的其他方面问题。芬伯格认为传统的技术本质观是抽象的，如海德格尔将技术的本质视为具有超验性质的事物。在他看来，这种观点虽然克服了技术复杂多样的特点，但忽视了影响技术的其他因素。"阻碍解决技术本质的主要障碍是大多数哲学家对本质所做的非历史的理解。因此我认为，为了解决技术的本质问题，应该把哲学的和社会学的维度统一起来，沿着这个思路，我认为，应该建构这样一个系统化的技术本质概念，使其包含社会—文化因素，这些因素在历史的实现过程中是多样的。"① 芬伯格认为，技术本质并不是先于历史存

---

① Feenberg A. From Essentialism to Constructivism:Philosophy of Technology at the Crossroads [J]. *Technology & the good life*, 2000.

在的，而是受到诸多社会因素的影响，在技术发展的不同历史阶段通过综合考虑结合得出的结果，只有将这些因素都考虑结合进来，我们才能有效把握技术的本质。"在一个近乎单向度的技术世界中找寻一种识别并解释内在张力的方式。"① 所以，这一部分主要对芬伯格的技术本质观主要内容，即双重工具化理论以及技术本质观的主要特征展开分析。

1. 芬伯格双重工具化理论的提出

在分析资本主义技术实践的过程中，以及在批判吸收过往的技术工具论和技术实体论与结合社会建构主义方法的基础上，芬伯格提出了自己的双重工具化理论，对技术本质提出了自己的看法。通过对技术本质分层次的梳理分析，芬伯格认为技术的本质不应只是一个维度，而应按照功能与意义主要分为两个层次，"我从这两个层次上分析技术的目的在于将本质主义对面向世界的技术倾向的洞察和批判的、建构主义对技术的社会本质的洞察结合起来"②。第一层次即"初级工具化"，指的是技术实体论对于技术本质的观点，主要解释技术主客体的功能结构与显现过程。而第二层次即"次级工具化"，指的是技术建构论对于技术本质的观点，主要从社会层面展开对技术本质的思考，回应在现实生活中技术在应用环节所遇到的问题。"从这个角度来看，描述技术本质的工作不仅仅有一个方面，而是有两个方面，一个方面是解释技术客体和主体的构成，我称之为'初级的工具化'，另一方面是'次级的工具化'，强调技术的主客体在具体技术框架中的实现。"③

---

① ［加］安德鲁·芬伯格. 技术批判理论［M］. 韩连庆，曹观法，译. 北京：北京大学出版社，2005：29.

② 金辉. 芬伯格技术本质观研究［D］. 上海：复旦大学，2009：20.

③ Feenberg A. From Essentialism to Constructivism:Philosophy of Technology at the crossroads［J］. *Technology & the good life*，2000.

（1）"初级工具化"：功能化

芬伯格技术工具论的第一个层次是初级工具化，即技术的"功能化"，主要阐述的是技术主客体功能结构的阶段，与海德格尔的技术解蔽类似，是在社会领域对技术本质的探求。"初级工具化"阶段展示的是技术的自然属性特征，这一部分体现了技术作为工具控制的一面，主要描述了在不同社会情境下技术所具有的共性特征，展现技术作为工具对人类的功能性作用的一面。所以从技术本质层面上来看，初级工具化阶段所展示的技术的自然属性特征是静止的、片面的，而具体到现代技术的实践层面上，芬伯格又将初级工具化理论总结为四个具体环节，分别为：去除情境化、简化法、自主化、定位①。其中，去除情境化和简化这两个环节，以及自主化和定位这两个环节又分别与海德格尔的"座驾"概念和哈贝马斯的交往理论中的行为形式有异曲同工之处。

首先，去除情景化环节（Decontextualization）主要指让自然物转变为技术对象，让其以人类主导的方式从最初产生的情景中剥离出来，最终整合进一个完整的技术体系中，使其呈现一个"去世界化"特征，能够被分割为技术上有用的片段。而这种自然物的抽离，芬伯格认为就是为了让我们能够直观地看到技术的有用性，并通过重构这种有用的片段组建新的技术手段，从而为社会服务。"比如小刀和车轮的发明就截取了'锋利'和'圆形'这些自然属性，而一个火箭或者一个树桩，也从它们在自然界中所扮演的角色转而具有了技术特性。"②在芬伯格看来，资本主义技术就是建立在这种去除情景化的基础之上的，"这是因为基本的技术要素是从所有特定情景中抽取出来的，这些技术要素可以在设备中结合起来，并

---

① Feenberg A. *Questioning Technology* ［M］. New York：Routledge，1999：203—204.

② 张柱荣. 芬伯格技术民主化思想探析［D］. 南京：南京航空航天大学，2011：23.

且可以重新嵌入到任何可以促进霸权利益的情境中"①。芬伯格指出，在去除情景化后，技术就只剩下了有用性，而工人也脱离了家庭或共同体变成了单纯的工具，成为了资本机器的一环，从组织者异化转变成了技术对象，与原初的情景相分离。其次，简化法环节（Reductionism）主要指对去除情景化后的自然物进行简化，将事物的第一性质，即可利用的客观实在与第二性质，即其他意识层面上的特点进行分离，只保留技术有用的性征。这里芬伯格主要基于洛克的"第一性的质"与"第二性的质"概念说明技术的简化概念，这里的第一性质主要指技术在其本质层面上被关注的特性，如形状、颜色等，而第二性质主要指技术在其价值层面上所具有的特性。对于众多技术工作者而言，他们更加看重技术的第一性质，第二性质相对来说没有那么重要。由于管理者控制着工人的技术行为，并处于整个社会系统的上端，所以资本主义的生产过程成为了一种线性的、切割分裂的过程，工人脱离了家庭和情感的社会控制，成为资本机器的工具。不过芬伯格认为，资本主义社会中的技术仅留下了第一性质，即那些起控制要素的事物，这些事物的第二性质可以重新在技术网络中发现，例如，滚动的石头具有圆形的特点，圆形也可运用到诸多事物中。再次，自动化环节（Autonomization），这里主要指在自理的技术行为下，技术主体将自身与技术对象隔离开来。对于自动化环节的分析，芬伯格受到了牛顿第三定律的启发，指出技术行为中的技术对象与技术主体的关系并非像牛顿第三定律中作用力与反作用力的关系一样，二者互为因果、相互作用。在技术行为中，技术对象不会对技术主体产生影响，技术主体也不会受技术对象的侵染而呈现逐步的"自理化"，"技术的对象或行为通过消耗或延迟行

---

①　[加]安德鲁·芬伯格. 技术批判理论［M］. 韩连庆，曹观法，译. 北京：北京大学出版社，2005：224.

为对象对行为者的反馈,从而使主体自主化"①。在资本主义社会中,技术主体的一方具有独立性,在一定程度上外在于技术操作体系,技术对象具有被动性,这导致社会形成了一种单向度的自主化技术体系。同时,芬伯格认为,在不同的技术领域中,这种主动化情景也会有所不同,"当猎人枪中的子弹射向野兔时,他的肩膀只感受到轻微的压力;当司机在高速公路上开着上吨重的汽车飞奔时,他只听到风中微弱的瑟瑟声"②。最后,定位环节(Postioning)即"主体在战略上处在或者将自身定位在驾驭对象和控制对象的位置上"③。在技术行为过程中,自主化的技术主体通过战略部署来定位技术对象,以体现技术主体的价值,并实现技术行为的预期目标。在资本主义社会中,现代技术正是主动与被动关系的体现。资本家在战略部署层面上将自身定于控制对象的位置,通过主导规律进行资本主义的操作自主性活动,使得工人成为被支配的客体,以此实现获利目的,维护其技术霸权以及对社会的控制。"通过产品设计而实现对工人的管理和对消费者的控制具有一种相似的定位特性。当然,在工人和消费者的行为中并不存在一种自然规律,这种自然规律就像设计机器一样可用于实现对人的设计,但是人可以通过自身的定位而引导工人和消费者去执行他们早已选定的规划。"④这时,工人也已经与技术客体一样,只是被单纯的看作生产力或可供利用和操作的技术资源。

———————————

① [加]安德鲁·芬伯格. 技术批判理论 [M]. 韩连庆,曹观法,译. 北京:北京大学出版社,2005:227.

② Feenberg A. *Questioning Technology* [M]. New York:Routledge,1999:104.

③ [加]安德鲁·芬伯格. 技术批判理论 [M]. 韩连庆,曹观法,译. 北京:北京大学出版社,2005:224.

④ [加]安德鲁·芬伯格. 技术批判理论 [M]. 韩连庆,曹观法,译. 北京:北京大学出版社,2005:205.

（2）"次级工具化"：现实化

芬伯格的双重工具化理论的理论分层说明了技术是技术要素与技术作用共同作用的结果。"技术很大程度上是一种文化的产物，因此任何给定的技术秩序都是一个朝向不同方向发展的潜在的出发点，但到底向哪个方向发展则要取决于塑造这种技术秩序的文化环境。"[①] 因此，技术的本质不仅是技术手段的功能组合，还受到社会情境因素的影响。技术不仅具有初级的认知功能，还具有次级的社会价值展现，而技术的次级的社会价值展现就是芬伯格的技术本质观的第二个层次，即次级工具化阶段，主要指的是在实际技术发展过程中技术主客体的价值实现。在芬伯格看来，初级工具化并不能完全阐释清楚技术的内涵，只是将技术提取出来，说明了技术间的基本关系，但忽视了技术在社会领域的意义和价值，没有意识到技术发挥作用的具体历史进程。所以，芬伯格提出了次级工具化阶段，进一步要求技术与支撑其发挥功能的自然因素和社会因素相融合，使技术走向现实化，让技术能够体现得更加整体。"技术发展的不确定性把空间留给了参与这个过程的社会利益观和价值观。"[②] 因此，可以说芬伯格将次级工具化阶段理解为"初级工具化"在社会领域的拓展，对初级工具化理论进行了弥补和深化，以此展示技术所蕴含的社会本质。同时，芬伯格用四个环节描述了技术这种次级化的具体历史进程，分别为体系化、调节、职业化以及自发性。

首先，体系化环节（Systematization）主要指经过初级工具化去除情景化阶段的技术，为了实现技术的实际功能，消除去除情景化所可能带来的负面效应，而最大限度激发技术在设计过程中的技术潜能，将其重新整合

---

① ［加］安德鲁·芬伯格. 技术批判理论［M］. 韩连庆，曹观法，译. 北京：北京大学出版社，2005：165.

② Feenberg A. *Questioning Technology*［M］. New York：Routledge，1999：205.

成技术装置并为整个社会服务。在这个过程中，技术将变得更加充实，与其他技术客体以及自然和社会环境的联系也将更加紧密。在传统社会中，体系化这一环节并不是技术设计的核心，因此技术与周边环境的联系也较为松散，而在现代技术社会中，系统化环节的使用范围扩大到了技术设备上，产生了"以系统为中心的设计"① 过程。技术设计一旦有了系统化的发展趋势，技术将变得更加丰富，也能够适应更大范围、更加繁杂的社会环境变化。所以我们能够发现，这是现代技术社会存在的典型技术设计战略。不过虽然技术设备的系统化程度已经到了非常广泛的程度，但考虑到工人福利与环境保护，资本主义仍然在一定程度上制约了技术扩展的情景。而代表技术未来发展方向的社会主义将最大限度地满足技术扩展的需求，不会对技术体系化的扩展过程施加限制。所以，技术的体系化过程实质上是一个蕴含了社会价值观的技术设计过程，这个过程既体现了技术的自然属性，也蕴含了技术的社会价值观。其次即调节环节（Mediation），调节环节主要指经过初级工具化简化环节后，成为纯粹工具载体的技术，在技术设计过程中重新回归社会情境，并融入第二性质，即审美与道德等相关社会特性，从而体现技术的社会本质。芬伯格认为，初级工具化过程中的技术只是被单纯地当作一个不负载任何道德利益与审美价值的工具。在初级工具化的简化过程中，一切技术要素都与人的审美、道德等相关社会价值因素相分离，这使得人类只一味地关心技术发展，导致人类的道德水平下滑，社会出现全球环境危机的风险。因此，在芬伯格看来，技术的本质应该包含道德与审美等社会因素部分，我们不能强行将这些社会因素与技术剥离开来。如汽车的外型设计既要考虑到减小风阻、节约能源的消耗等

---

① ［加］安德鲁·芬伯格. 技术批判理论［M］. 韩连庆，曹观法，译. 北京：北京大学出版社，2005：225.

技术因素，又要考虑到结合品牌特色等社会因素进行造型设计。而技术的调节环节正好克服了技术简化所带来的问题，即将技术外在的审美与道德属性融入技术中，使有用性之外的其他社会属性重新回归技术对象，使技术对象重新嵌入到新的社会情境中。再次即职业化环节（Vocation），职业化环节主要指技术主体将自己所进行的技术行为看作是一种职业，在职业化过程中，技术主体与技术对象重新恢复相互作用关系。在初级工具化过程中，技术主体与技术对象被分离开来，技术主体实现了技术自主化。但当技术主体将技术行为视作一个职业时，相对于技术对象，技术主体能够有效地重新定位自己，技术主体与技术对象不再处于二元分离的状态。在这个层次上，技术主体与技术对象会重新恢复牛顿第三定律所阐释的相互作用、相互影响的效应，技术主体会被其与技术对象产生的技术关系所影响，与技术对象恢复紧密的自主性关系。这种关系超出了被动、无益处的外在控制范围，让技术主体不再处于被控制和被支配的地位，使技术主体能够充分发挥自身的潜能。"在职业中，主体不再与对象相分离，而是被自身与对象的技术关系所转化。"[①]这有助于让我们重新认识职业的意义，重新发现自身的价值，同时也为创造出一种社会主义的新技术提供了可能。最后，自发性环节（Initiative）主要指技术对象在新的技术情景中并非完全按照预先设定的程序进行技术行为活动，而是能够享有一定程度的自由活动空间。在初级工具化阶段，资本主义的管理与技术产品的设计目标很大程度上限制了技术行为对象的主动性。而在次级工具化阶段，技术行为对象则通过"协同执权"的方式使其主体性得到发展，打破上层控制，不再处于消极的被动地位。在次级工具化阶段，技术对象不再被完全控制束

---

① ［加］安德鲁·芬伯格. 技术批判理论［M］. 韩连庆，曹观法，译. 北京：北京大学出版社，2005：228.

缚，而是能够积极主动地参与社会设计，在遵守理性规律的前提下，尝试改变技术旧有的发展模式，创造性地发掘出原技术设计未预料到的功能，挖掘出技术所可能实现的潜能。在芬伯格看来，如果要改变技术行为者的被动局面，就要让他们有计划地、主动地参与到实践中，这种方式被称为"协同执权"。通过"协同执权"的方式，他们不仅能够改造技术，也能在改变技术的过程中转变初级工具化阶段的消极状态，以技术行为对象有意识地相互协作取代上层操作，从而最大限度地展现技术使用者的自发性。所以，与"初级工具化"研究技术本身不同，"次级工具化"理论着眼于技术与社会等因素的联系，这种联系打破了技术主体和技术对象的界限，以一种动态的角度研究技术。

因此，芬伯格指出，在经历了技术的工具化过程后，现代技术建立了与自然以及社会环境之间紧密的相互联系，实现了技术与社会的共同发展。在重新调整技术设计环节的过程中，我们需要将技术因素与社会因素都考虑进技术体系中，将各个阶层而非单一阶层的利益需求都传递到新的技术体系中去。

（3）双重工具化理论的层次分析

在技术构建论思想的影响下，芬伯格以后天的多因素论代替了单因素论，以动态的基于经验的理论分析过程代替了静态抽象的理论分析。与技术实体论和技术本质论以及技治主义相比，芬伯格的工具化理论不仅涉及技术要素，还涉及诸多社会因素。相比于现代技术在技术领域的发展，芬伯格更加关注技术的具体实践方式，技术与人以及自然社会之间的关系，在他看来，这些因素的确会影响技术本质的构成。

在《追问技术》中，芬伯格对他的双重工具化理论进行了详细说明。芬伯格认为，技术的本质不是单一不变的，而是多层次的，是"一种处于不同可能性之间的发展的'两重性的'过程"①。这种两重性主要包含两个层次。第一个层次即初级工具化，指的是技术原初的功能关系，在这个层次上，人们通过将技术客体与社会情景分离开来，从而还原技术原料自身的有用性。第二个层次即次级工具化，主要指的是技术的设计与应用，在这一层次上主要是将在初级工具化被简化的技术对象与道德审美等社会因素重新整合到一个新的社会或自然情境中。不过这两个层次之间的区别只有在进行分析时才会显现出来，而在现实的技术行为中则不会分离开来。因为芬伯格认为，"双重工具化理论"是一种整体性的技术批判理论。双重工具化理论指出：技术是各种自然因素与社会因素所构成的整体，任何一个因素都不能够单独发挥作用，不论在初级工具化中分离的技术原料多么单纯，它们也在某种特定的可能性下负载了次级工具化的社会价值。同样，第二层次的次级工具化的技术设计也会预先确认技术原料是否具有被具体化操作的资格。例如，当我们砍一棵树并将其作为圣诞树时，在现实技术行为活动中，我们无法区分这一技术行为是初级工具化还是次级工具化阶段，因为砍倒一棵树是我们提取技术原料，去除情景化的过程，但在这一过程中，我们仍需考虑圣诞树的审美装饰需求，只有考虑到其审美需求，我们才能决定砍什么样的树。因此，我们只能在理论分析的过程中才能意识到初级工具化与次级工具化的区别，而在面对砍树这样的现实技术行为时，我们无法区分初级工具化与次级工具化。

所以，通过对技术本质分层次的梳理分析，我们可以看出，芬伯格以社会建构主义为方法基础，以技术的现实实践为理论依据而建构所提出"双重工具化理论"，更加强调技术的整体性与系统性。芬伯格的双重工具化

---

① Feenberg A. *Transforming Technology: A Critical Theory Revisited* [M]. Oxford University Press，2002：53.

理论更加注重技术与人以及自然环境与社会环境的关联，更加关注了技术发展过程中技术主体的能动性，意识到了技术形成过程中人类与环境的相互作用，这也较好地弥补了海德格尔的技术本质观的不足。"工具化理论包含了如下方面：把技术同技术系统和自然整合起来；把技术同伦理的和美学的符号安排整合起来；把技术同它与工人和使用者的生活和学习过程等整合起来；把技术同它的工作和使用的社会组织整合起来。"①

2. 芬伯格技术本质观的主要特质

在此之前，我们主要对芬伯格的技术本质观的主体内容，即双重工具化理论进行了说明，不过芬伯格的技术本质观所包含的内涵十分丰富，是一个考虑了技术与人、技术与自然以及技术与社会多方面相互关系的综合理论。因此，为了更好地了解芬伯格技术本质观的具体特征，我们将从技术本质的整体性、历史性和多层次性等方面，对技术本质进行进一步的深入解读。

（1）整体论的技术本质观

在技术本质观的研究过程中，芬伯格明确指出他的技术本质观是一种整体论的本质观。"在技术的发展过程中，把伦理的、道德的以及审美的社会因素还原给了技术对象，使对象经过改造后，回复到新的情境或背景当中去。"②芬伯格将技术因素与周围的自然与社会等情境化因素都看作一个整体，指出自然与社会等情境化因素也是构成技术的重要组成部分。芬伯格的这种整体论的技术本质观主要依靠其技术工具化理论内对初级工具化阶段与次级工具化阶段的划分。"初级工具化是面向现实的技术倾向，海德格尔将它看作是一种技术的'揭示方式'。……技术不仅包含一种倾

① 安维复. 走向社会建构主义：海德格尔、哈贝马斯和芬伯格的技术理念［J］. 科学技术与辩证法，2002，19（6）：37.

② 金辉. 芬伯格技术本质观研究［D］. 上海：复旦大学，2009：26.

向，而且还是世界中的一种行为，这种行为完全以社会条件为条件。因此就需要一种次级工具化的理论来使用概要的初级工具化在社会情境中的实际设施和体系中得以成形和发挥作用。"① 而次级工具化阶段实质上是在初级工具化阶段的基础上，一种将技术重新情境化的过程。芬伯格的这种整体论的技术本质观有几个理论特点，即强调技术的情境化、具体化，以及前进到自然。首先，他强调了技术的情境化。所谓情境化，就是考虑技术周围的社会环境、审美、价值等社会因素。对此，芬伯格再次以资本主义社会为例对其进行说明。在他看来，当下资本主义社会所产生的一系列外部危机都与资本主义社会去除情境化的发展模式相关，去除情景化的发展方式严重削弱了资本主义社会的技术发展潜能。社会主义的发展模式则是将资本主义社会下的技术主体与技术对象都与情境重新融合起来，并将审美、道德等社会因素内化为技术的发展目标，强调满足更广泛群体的利益需求，最终努力从根源上消除资本主义社会这种社会因素与技术因素分离的现状。因此，芬伯格相信资本主义社会的技术实践实质上代表的是统治阶级的利益，而注意到技术主客体情境化的重要意义的社会主义社会的技术实践实质上代表的是最广泛阶层的利益，社会主义社会的发展模式代表的才是技术的未来发展方向。"因此，调控和计划与其说是对物化的替代形式，不如说是在物化的范围内，也就是说建立在通过分裂而实现控制的社会秩序上，实现对总体性的部分认可的方式。"② 其次，具体化也是芬伯格技术整体论思想的一个重要特点。受吉尔伯特·西蒙栋的"具体化"概念的启发，芬伯格认为我们可以通过技术的具体化过程实现技术的变革。

---

① ［加］安德鲁·芬伯格. 技术批判理论［M］. 韩连庆，曹观法，译. 北京：北京大学出版社，2005：220.

② ［加］安德鲁·芬伯格. 技术批判理论［M］. 韩连庆，曹观法，译. 北京：北京大学出版社，2005：232.

具体化理论主要关注技术与社会情境化因素之间的协调关系，西蒙栋将其称为"关联的环境"，"具体化是对技术和它们的各种环境之间的协同作用的发现"①。这种"关联的环境"让技术能够被放置于一个连续循环的统一体中，并且通过具体化的发展，技术与自然情境以及社会情境因素相协调，技术对象因此也能够适应技术当下所面临的多样环境。"具体化的理论表明了技术进步是如何能够通过将人和环境需要的更大的情境融合到机器结构中来处理当代的技术问题。"②芬伯格对西蒙栋的"关联的环境"这一观点也持赞成立场。在他看来，经过技术的重新改造设计，技术对象的各个组成部分的功用都有了改变，这种技术总体功能的综合变革将会带来全新的更具体的技术对象，而这种全新的更具体的技术对象实质上就是一个新的技术体系。在这个具体化的过程中，技术的进步使得自然与社会多方因素都会被合乎时宜地融入技术设计中，实现技术因素与社会因素的有机统一。可以说，技术的这种从抽象到具体、克服资本主义物化的具体化发展过程是技术未来发展的普遍趋势。最后，芬伯格的技术整体论思想还有一个重要特点即前进到自然。在阐明自己技术本质观的同时，芬伯格也针对一些环保人士所提出的"返回到自然"③的观点展开了批判。由于看到了现代技术所带来的一些弊端，因此这些环保人士全盘否定技术，并提出希望返回传统社会，对现代技术采取了消极回避的态度。而芬伯格则是对现代技术的未来发展采取了一个积极态度，认为我们不能返回自然，而是应该寻找一种技术与自然和谐共处的方式即前进到自然，这也正是芬

---

① ［加］安德鲁·芬伯格. 技术批判理论［M］. 韩连庆，曹观法，译. 北京：北京大学出版社，2005：233.

② ［加］安德鲁·芬伯格. 技术批判理论［M］. 韩连庆，曹观法，译. 北京：北京大学出版社，2005：235.

③ 朱凤青. 芬伯格技术批判理论评析［J］. 理论探讨，2008（1）：3.

伯格技术解放思想的建构目的。"总体性的批判概念有助于确认现有技术体系的偶然性，由这一点出发就可以将新的价值注入到现有的技术体系中，并使现有的技术体系服从于新的目的。"① 而如果要前进到自然，芬伯格指出，就需要我们将在资本主义社会中物化分裂的技术放置到更广泛的社会情境中，在技术的发展过程中更多地考虑社会因素等具体情境，使这些社会因素内化到技术的发展过程中。因此，前进到自然这一方式不仅反映了芬伯格面对现代技术的积极乐观的理论立场，也代表了他对待现代技术的理论发展方向的态度。

以上分别就技术的情境化、具体化、前进到自然这三个方面阐述了芬伯格技术本质观的整体性特征。技术本质观的整体性这一特征需要我们从技术的设计到技术的应用发展过程中对技术本质实现整体把控，综合考虑人和自然以及社会与技术之间的多方协同关系的相互作用，从而实现技术解放和人类解放的新技术。这是芬伯格技术本质观的关键点，也是其技术解放思想的根基，正是在技术本质观的整体性特质的基础上，芬伯格继而提出了其技术代码概念、技术民主化思想等一系列内容。因此，可以说，理解技术本质观的整体性特质是我们了解芬伯格技术解放思想的关键。

（2）可变革性的技术本质观

技术的可变革性是芬伯格技术本质观的又一个重要特质。芬伯格指出，虽然技术工具论和技术实体论存在许多差异，但这两种理论都认为技术的本质是不可转化的，"以技术形式出现的理性超出了人类的干预或修正"②。"在任何一种情况下，我们都不能改变技术在所有理论中，技术是一种天

---

① ［加］安德鲁·芬伯格. 技术批判理论［M］. 韩连庆，曹观法，译. 北京：北京大学出版社，2005：236—237.

② 朱春燕. 费恩伯格技术批判理论研究［M］. 沈阳：东北大学出版社，2006：89.

命。以技术形式出现的理性超出了人类的干预或修正。"① 因此，可以说，技术工具论与技术实体论实质上都属于非历史主义的技术观，而在芬伯格看来，技术的发展并不是一个确定的发展序列，而是一个受历史背景和多种社会因素影响、具有多种可能发展方向的偶然过程。所以芬伯格引入库恩的历史主义方法，提出技术并非一种不可改变的天命，而是始终处于自然属性和社会属性相互作用的过程中。为了解决当下现代技术所带来的物化结果以及社会呈现出来的单向度的发展倾向，芬伯格认为我们应进行技术变革，重新设计现代技术，让更多民众能够积极地参与到技术设计和应用过程当中，从而让技术满足更多人的利益需求，为实现技术解放提供一种可能途径。在他看来，技术不是恒定不变的天命，而是受多种社会因素影响的社会建构的产物，会随着社会的发展进步而逐步变革，技术设计也是附载着上层阶级利益需求的，是人类能够根据自己的发展需求去自行设计的。

（3）多元性的技术本质观

芬伯格的技术本质观还具有多元性的特点。尽管芬伯格认可技术工具论立场，反对海德格尔技术宿命论的观点，但是，芬伯格也反对技术工具论所提出的技术中立性特征。"技术并不能用普通的术语来表达，它是一种置于两种不同的可能性之间的矛盾发展过程。技术矛盾性不同于技术的中性，由于它所从属的社会价值角色，它既存在于设计之中，也存在于技术使用和技术体系之中。"② 因此，在批判借鉴技术工具论与技术实体论思想的基础上，芬伯格借鉴社会建构主义的方法，指出技术并非中立性本

---

① ［加］安德鲁·芬伯格. 技术批判理论［M］. 韩连庆，曹观法，译. 北京：北京大学出版社，2005：8.

② 郭冲辰，陈凡，樊春华. 论技术的价值形态与价值负荷［J］. 自然辩证法研究，2002，18（5）：38.

质，而是附载着诸多社会价值与利益需求的多元文化体系，是一个有着多向发展维度的综合体，而这同时也侧面体现了技术的可变革性。"在不同的社会里，技术所代表和追求的价值和利益是不相同的，它是各种社会利益集团力量博弈的结果。"① 对于技术本质的多元性特征，芬伯格首先从社会建构主义的角度出发，通过社会科学的经验主义研究学方法和人文科学的解释学方法对技术的多元性本质展开探讨。芬伯格认为，技术本身是由技术因素与社会因素所构成的，这两种因素可以说从技术设计初始就始终保持着密切联系，"技术的这种两重性不同于中立性，它认为不仅技术体系的使用中含有社会价值，而且技术体系的设计中也含有社会价值"②。所以，在分析技术本质的过程中，我们需要将技术因素与社会因素结合起来进行分析，摒弃对技术抽象、单向的理解，从社会和历史的角度出发考虑其有用性。由此可见，技术的发展过程是一个多方社会因素与技术因素相互作用、此消彼长的结果，满足最广大人民的利益需求而非单纯的提高效率才是当下技术所应追求的根本目标。现代技术在一定程度上成为了社会的有机综合体，因为从技术的设计初始再到技术的应用阶段都是社会建构的产物。其次，芬伯格从社会情境的角度出发对技术本质的多元性展开分析。通过对资本主义社会技术实践的分析，我们可以发现，资本主义社会的技术操作是为特定的上层阶级服务的，这种技术失去了最广泛的民众参与，失去了其原有的功能性，成为了单向度的异化技术。而社会主义社会下的技术实践则是考虑了最广大人民利益的技术，代表了最广泛的利益群体，是具有多种文化内涵的技术。在当下的社会情境中，这种融合多方

---

① 曹观法. 费恩博格的技术批判理论［J］. 北京理工大学学报（社会科学版），2003（1）：49—52.

② ［加］安德鲁·芬伯格. 技术批判理论［M］. 韩连庆，曹观法，译. 北京：北京大学出版社，2005：16.

社会因素的社会主义技术的出现可以说是技术进步的体现。最后，前文已经有所论述，芬伯格技术本质观的多元性还体现在其批判理论的思想来源的多元化上，芬伯格的技术解放思想积极批判吸收了法兰克福学派、海德格尔和社会建构主义的多维度的技术思想，这也使得他的技术本质观呈现出多元化的发展趋向。因此，除了整体性和可变革性，从社会建构论、社会情境和思想来源的角度来看，我们也可以认识到芬伯格的技术本质观具有多元性的构成特质。

三、本章小结

这一部分主要系统地探讨和梳理了芬伯格的技术本质观，分析了芬伯格技术本质观的主要内容与理论特质，阐述了芬伯格对传统的技术本质主义即技术工具理论和技术实体理论的批判。针对技术本质问题，芬伯格更倾向于通过论述技术两重性本质的对立统一，表明技术本质是由技术因素与社会因素共同决定的。因此，芬伯格在历史主义和社会建构主义的方法基础上，提出了在其整个技术解放思想中具有承上启下的核心作用的带有整体性、多元性和可变革性特质的技术本质观。虽然芬伯格并没有具体分析技术的两重性之间的辩证关系，对技术哲学的最终走向也没有给出明确的答复，但这种独特的理论研究视角会为人们对技术本质的研究带来新思路。

第三章　芬伯格技术解放思想的理论意蕴
——技术哲学的批判性架构

一、芬伯格技术解放思想的理论推进

（一）从本质主义到建构主义的范式转换

自 1877 年技术哲学诞生以来，技术哲学家们就开始围绕着人与技术之间的关系展开了许多讨论，相继产生了本质主义等技术哲学思想。而进入 20 世纪以来，人们在对技术的研究过程中又产生了许多新的思想，如技术建构论。面对建构主义思潮，海德格尔主张从人本主义角度对技术的本质展开考察与追问，从而让人们看到人与技术之间的互动关系。然而，海德格尔在思考技术本质时，仍停留在原有的本质主义观点上，并以技术异化理论作为结论。哈贝马斯则是在思考马克思与海德格尔对技术本质的相关探讨后，重新整理了社会生产与意识形态之间的关系，提出了交往行动理论。然而，哈贝马斯的技术批判理论忽视了社会实践因素，没有真正运用建构主义思想，仍然只停留在社会的意识形态层面上对技术理性进行批判，并没有将技术批判延伸到社会的存在领域。因此，可以说海德格尔与哈贝马斯等人都没有成功实现技术哲学理论从本质主义到建构主义的范式转化。芬伯格则意识到了这两种理论存在的局限性，指出虽然海德格尔与哈贝马斯都意识到了现代技术在当代社会中的重要意义，尝试提出一种开创性的技术哲学理论，但仍然停留在本质主义范畴，不能为技术设计的真正改进提供任何具体的、有可操作性的建议。因此，在肯定海德格尔与哈贝马斯等人的理论贡献的基础上，同时也为了回应法兰克福学派第一代学者们只在抽象的意识形态层面上进行理论批判的局限性，与海德格尔、哈贝马斯等人只是停留在意识形态层面上提出批判不同，芬伯格选择从本质主义视角转换到建构主义视角，在建构主义视阈下提出了具体的、具有可操作性的能够改造社会现状的技术批判理论。

在芬伯格看来，现代技术不应仅具备有效率这唯一的技术标准，因为现代技术并不是单一的技术因素产物，而是技术因素与诸多社会因素共同作用的结果。自现代技术诞生之日起，技术功能与社会功能就已经开始相互协调组织，为现代技术的发展发挥着重要作用。因此，芬伯格选择从传统的本质主义转向建构主义批判范式，在法兰克福学派的传统技术理性批判理论之外，尝试将本质主义与建构主义特性结合起来，希望将社会建构主义思想融入技术哲学，尝试从更具体的角度对技术批判理论进行改造，试图建立起建构主义视角下的技术批判理论，从而实现技术因素与社会因素之间的关系调和。在芬伯格看来，如果从建构主义的角度去分析技术，我们会发现技术设计不仅由单纯的技术因素所决定，还受到一系列的社会因素影响。为此，芬伯格提出了"形式偏向"与"实质偏向"的概念，他将"社会规训中的利益和意识形态的物质化及设计"[①] 称为形式偏向；将"出于社会态度和心理态度进行的偏见"称为实质偏向。与实质偏向不同，形式偏向更注重描述在技术设计过程中，社会因素对技术发展的影响，让人们能够意识到在技术设计这一闭合环节中存在的利益偏向。芬伯格在这里列出人行道与剪刀的技术设计的例子，说明了形式偏向的存在意义。由于剪刀发明者是右手使用者，所以早期出现的剪刀也方便右手使用，不方便左手使用者；由于人行道设计者并非残疾人，所以最早设计出来的人行道是高路沿，不方便轮椅的使用。在芬伯格看来，剪刀与人行道的技术设计的例子体现出生活中很多技术产品的技术设计都忽视了广大群众的技术利益需求，表明了当代社会技术霸权事件的发生。对于技术霸权的现象，芬伯格认为，因为我们无法做到形成绝对公正中立性的技术设计，所以我们只能考虑更多的利益需求，这就需要我们让更多相关参与者介入技术设计的实践过程。为此，芬伯格提出了双重工具化理论和技术代码的概念，"技术以技术代码的形式实现了功能和意义的不同层次，与塑造它们的行动者的需求相对应。技术所经历的转换，因为其技术代码是有争议的，采取不同的形式。一些技术争议是零和游戏，在其中胜利者拿走了一切，但技术固有的灵活性往往使妥协成为可能。相互冲突的利益可能会通过具体化的创新在最终的设计中找到权宜之计或和解。因此，设计通常由多个功能层次组成，代表各自相关的行动者，而不是明确的和紧密统一的具有单一目的的整体"[②]。在这一理论前提下，芬伯格指出，在技术发展过程中，相比于技术在生产效率层面上的提高，我们更应关注技术内部的设计改造

---

　　① ［加］安德鲁·芬伯格. 技术体系：理性的社会生活［M］. 上海社会科学院科学技术哲学创新团队，译. 上海：上海社会科学院出版社，2018：90.

　　② ［加］安德鲁·芬伯格. 技术体系：理性的社会生活［M］. 上海社会科学院科学技术哲学创新团队，译. 上海：上海社会科学院出版社，2018：149.

工作，从而为技术变革奠定基础。因此，可以说，芬伯格通过建构主义的手段对传统技术批判理论进行了理论创新，在一定程度上实现了技术批判理论研究从本质主义到建构主义的范式转换。

（二）从技术专家到公众利益的诉求转变

在传统技术批判的基础上，芬伯格试图去兑现自己的老师——马尔库塞所未能交付的那张"空白的期票"，即重新寻找反抗主体和技术解放的路径。马尔库塞指出，由于在当代技术社会这种新的社会控制形式之下，人们被全面管理着，人们的主体性被削弱，人们受到的统治在技术社会中被转换成为一种更加隐秘的方式，即从人身依附向对"事物客观秩序"[①]的依赖。在这一现实背景下，马尔库塞无法从技术本身中找到解放路径，只能求助于外部的艺术支持。马尔库塞期望，在技术社会中"艺术将不再是已确立机构的婢女，不再是美化其事业和不幸的技巧，相反，它将成为摧毁那一事业和不幸的技巧"[②]。与马尔库塞通过在技术外部寻找抽象艺术领域的支持不同，芬伯格则是提出了技术转换的概念，选择在技术设计过程中满足技术参与者的利益需求，从而在技术内部进行技术转换，最终实现技术解放。在这一点上，芬伯格与传统的技治主义思想看重技术专家利益不同，他将技术参与者视为能够对技术进行改造与转化，实现技术解放潜能的主体力量。

在芬伯格看来，现代技术已经成为公共权力的一个主要来源，成为社会秩序的载体。然而，由于在我们的日常生活中，技术通常受到技术专家的控制，往往都由技术专家做出相关重要的技术决策。因此，普通民众的

---

① ［美］马尔库塞. 单向度的人［M］. 刘继，译. 上海：上海译文出版社，2017：115.
② ［美］马尔库塞. 单向度的人［M］. 刘继，译. 上海：上海译文出版社，2017：189.

技术需求无法体现在技术设计中，现代技术逐渐发展成为一种技术霸权的形式，当代社会的阶级对立没有被真正消除，社会差距也没有被抹平，底层阶级的技术利益被忽视甚至被彻底抑制。

在借鉴分析前人技术政治思想的基础上，芬伯格提出了"参与者利益"的概念，即技术设计是由各个参与者共同完成的，而非技术专家个人创造出来的。在他看来，法兰克福学派的传统技术政治思想只是主张在技术领域内实现话语民主化，即在技术专家之间构建对话机制，并没有意识到社会民众的评价作用。然而，芬伯格指出效率并不是评价技术的唯一标准，技术发展同样伴随着社会因素的参与。在技术斗争的过程中，芬伯格发现技术斗争会因阶级身份地位的差异而将部分主体排斥在技术之外，当下技术参与者在技术体系中所进行的技术斗争都只能是后验的，仅在技术进入公共世界之后的下游发生。面对这一现状，芬伯格希望技术参与者不再仅仅通过听证会或技术工具的再发明等常规干预手段进行斗争，而是能够参与到技术设计的过程中，进行一种先验的技术斗争。他认为，即使没有技术专家的资格，普通技术参与者也可以因为个人技术体验而获得参与技术设计的资格，对技术设计进行干预。因此，芬伯格认为要想转变这种困境，就需进行技术的转换与变革，努力建设平等公正的技术体制，坚持将形式民主与实质民主相统一，使广大公众能够参与技术设计，扩大利益参与者范围，从而让整个技术过程都能体现公众的利益需求。在芬伯格看来，"参与者利益"概念的提出一方面能够解放被抑制的公众利益，冲破技术被少数技术专家控制的限制，让更多社会成员参与技术设计。同时，在公众参与技术设计并进行技术转换的过程中，技术自身的发展不仅不会被阻碍，技术设计也会变得更加合理。另一方面，公众参与技术设计并重新掌控技术发展权力，实行技术变革和技术转换也会给予普通民众同统治阶层一样参与技术和各个社会领域进行程序设计的权力，这将最大限度上消除普通民众与精英之间的对立。可以说，"参与者利益"概念的提出在一定程度上符合马克思的利益观。首先，"参与者利益"体现了各个参与者的不同需求。其次，在参与者的阶级差别上也能体现出利益需求所反映的社会关联。最后，参与的行动性证明了各个社会阶层产生的利益冲突在需要机器操作的社会实践行为中得以体现。

因此，芬伯格的技术解放思想就是将利益诉求由技术专家转向公众群体，实现对法兰克福学派尤其是马尔库塞技术批判理论的修正和完善。芬伯格的技术解放思想强调公众群体的力量，以公众参与技术设计和技术决策的过程为主体，认为可以通过广大公众参与技术设计，扩大技术设计参与范围，将弱势群体和技术参与者的利益诉求纳入技术设计中，将实现技术参与者的利益视为建立理性社会技术体系的解决途径。在他看来，这样可削弱特定阶层在技术中的特权，改变技术霸权现象，推动社会各领域走向民主化。总的来说，芬伯格对于参与者的民主干预的肯定，无疑是对技治主义的反对。但值得注意的是，芬伯格只是反对专家对于技术设计话语权的垄断，并非完全的反技治主义，在他看来，专家和非专家的行动者都没有垄断合理性的权利。"合理性被分配在专家与非专家、事实与价值的分界线两边"[①]，专家与非专家之间的分界线是实在的，但这种分界线同时也是可被渗透的，且在实践中允许被转化的，也就是技术合理性的标准是在专家与行动者相互博弈的动态过程中形成的。不过芬伯格也表达了对于公众参与可能会带来弊端的担忧。芬伯格认为，公众参与是一件喜忧参半的事情，公众也会犯错误。不过技术内部转换的过程也正是人们进行练习的学习过程，这个变革过程赋予了犯错民众学习的空间和权利。

---

① ［加］安德鲁·芬伯格. 技术体系：理性的社会生活［M］. 上海社会科学院科学技术哲学创新团队，译. 上海：上海社会科学院出版社，2018：198.

（三）从技术代码到设计代码的概念更新

在芬伯格看来，技术不应该如马克思一般被还原为生产关系，也不应该像马尔库塞一般被还原为意识形态，而是应该被还原为社会关系与技术关系的交汇。"技术的社会特点不在于内部运作的逻辑，而在于这种逻辑与社会情境的关系。"[①]在建构主义方法论背景和 20 世纪 80 年代计算机革命的实践背景下，芬伯格对传统的工具论和实体论观点展开批判，并提出了技术代码概念。技术代码即将相对中性的技术要素依照社会要求进行编码，让技术体系的构造服从社会统治体系的需求。资本主义社会的技术霸权现象就是技术代码的表现结果。

芬伯格指出，技术代码是一种让技术能够满足资本主义维持自身发展需求的基本发展规则，"是在用技术上连贯的方式对一般类型问题的解决中的利益的实现。这种解决方式为技术活动的整个领域提供一个范式或样本"[②]。同时，芬伯格认为技术代码不仅仅是选择手段的规则，在一个统治是建立在对技术控制的基础上的社会中技术代码具有本体论的含义，是组织的独立性和生存的原则。[③]通过技术代码，资产阶级得以构造合理的社会活动领域，将自身的统治合理化。可以说，在对芬伯格的技术批判理论的整体研究过程中，技术代码概念具有核心作用，许多学者也将芬伯格的技术代码概念视为分析现代技术的理论工具，如安德鲁·弗拉纳金等

---

① ［加］安德鲁·芬伯格. 技术批判理论［M］. 韩连庆，曹观法，译. 北京：北京大学出版社，2005：95.

② ［加］安德鲁·芬伯格. 技术批判理论［M］. 韩连庆，曹观法，译. 北京：北京大学出版社，2005：23.

③ ［加］安德鲁·芬伯格. 技术批判理论［M］. 韩连庆，曹观法，译. 北京：北京大学出版社，2005：93.

人。① 总的来说，技术代码至少具有两个层面的含义。首先，技术代码构成了社会独立的生存原则，让人们能够将技术与组织的构建和社会功能的实现联系起来，分清被允许或被禁止的活动。如为了确保患者能够安全用药，在处方药的使用说明书上写明了注意事项。这个使用说明书的呈现过程就是技术代码的表达过程。其次，技术代码代表统治阶级的利益需求，社会通过技术体系的构建获得了统治合理性。在技术设计的过程中，并非所有群体的利益需求都被考虑在内，只有统治阶级的利益需求被考虑在技术体系之中。这种考虑使得技术受到统治阶级的支配，并潜移默化地形成了一种看似客观的秩序，进一步影响社会民众的日常生活，使得人们失去主体性，成为单向度的人。在这一过程中，原有的技术代码变成了一种对普通民众的束缚，受压抑的底层群众在此过程中无法合理表达自身的利益。

虽然统治阶级的利益需求能够通过代码得以表达，但这并不意味着被统治阶级就完全丧失了自主性。而技术代码的不断冲突和整合不仅显示了技术代码的可变性，也表明了技术重新设计的可能性。为此，芬伯格提出了参与者利益这一概念，认为让最大范围的利益群体参与技术设计的过程，将会使技术代码体现更广泛的利益，从而实现技术转换与技术变革，改变技术霸权的现状，最终实现技术解放。"在技术设计过程中，非技术人员如商人、消费者、政治家、官僚等共同提供资源，为新工具确定目标，并根据他们的特点对它们做出合理的技术性安排，为已有的技术方法增加新用途等来发挥他们的影响，行动者的兴趣和世界观在他们的参与设计中得到反映。"② 所以可以说，技术代码概念的提出一方面避免了哈贝马斯工具论的狭隘性，揭示了交往理性和工具理性在技术层面上的重叠；另一方

---

① Andrew J F, Craig F, Jon F. Technical Code and the Social Construction of the Internet [J]. *New Media &Soci-ety*, 2009, 12（2）: 179—196.

② Feenberg A. *Questioning Technology* [M]. New York: Routledge, 1999: 10—11.

面避免了马尔库塞技术实体理论的抽象性和悲观性①，让技术解放具有了理论层面上实现的可能性。

而"设计代码"概念的提出也有其理论背景，设计一词的使用，在一定程度上响应了技术哲学领域发生的技术设计转向。相较于原有的技术代码概念，设计代码概念能够让代码从原有的技术领域扩展到技术理性在市场与管理的领域，构成更广泛意义上的概念的更新与整合。已有的对于技术代码的研究，往往忽视了芬伯格时常使用的与技术代码具有相似内涵的术语即设计代码。② 因此，在 2017 年的《技术体系：理性的社会生活中》，芬伯格明确提出了设计代码概念，即能够通过行为者网络的授权将一种行为准则转译为另一种③，从这个意义上来看，设计代码与技术代码几乎具有相同的理论内涵，但实际上设计代码与技术代码这两个概念的理论层次和理论边界都有所不同。技术代码通常指的是在具体技术系统中组织技术因素与社会因素的编码方式，是一个相对于技术理性的概念。而设计代码则是通过类比的方式将技术代码的应用层面深化到了资本主义的市场层面。在《理性与经验之间》中，芬伯格明确提出了设计代码的使用语境，指出技术设计标准同样会在社会其他领域发生，而这种设计标准就通过类似于技术代码的设计代码进行分析。"市场和科层制度比起技术有着更为明显的社会性，但是它们基本的设计标准是难以发现的。这些社会标准能

---

① 吴致远. 技术追问的后现代路径［J］. 长沙理工大学学报（社会科学版），2012（1）：22—30.

② 宋润婕，高璐. 从技术代码到设计代码：芬伯格技术批判理论的进步与局限［J］. 长沙理工大学学报（社会科学版），2021，36（4）：36—43.

③ 宋润婕，高璐. 从技术代码到设计代码：芬伯格技术批判理论的进步与局限［J］. 长沙理工大学学报（社会科学版），2021，36（4）：36—43.

够通过类似于技术代码的术语来分析。"①如果说《技术批判理论》中的技术代码在实体层面上连接了社会因素的技术规范,在本体论层面上起到了一种对技术物的规定作用,揭示了技术领域的边界,显示出社会体系通过技术网络进行自我构建的需求,那么《技术体系》中的设计代码使人们意识到代码具有的不同层次。

总的来说,设计代码的提出体现了芬伯格在新实践背景下的概念创新,将传统的停留在技术领域的技术哲学转换为解释整个社会体系的理论,技术代码与设计代码概念的提出衍生了芬伯格技术理性批判层次,让技术批判从技术领域扩展到了由技术理性所控制的社会体系之上,对于深入理解芬伯格的技术批判理论中围绕代码的技术转换与技术变革具有重要意义。然而,芬伯格并未进一步说明当我们意识到技术理性操控社会体系,影响社会价值时,应该如何回应。这对修改代码以及进一步探索技术转换的具体实施路径造成了障碍。

所以,从设计代码所揭示的主体角度来看,技术代码与设计代码在概念层面上存在着一定程度的连续性,这两个概念延续了芬伯格技术哲学从技术理性到技术系统的建构与批判。芬伯格的技术批判理论首先通过技术代码对当下以技术理性为主导的社会体系进行解构,然后再通过设计代码将技术批判延伸到技术系统之上的社会合理性上,衍生了芬伯格技术批判理论的批判领域,实现了技术因素与社会因素连接的具象化,使人们能够在技术系统中寻求技术变革,形成对技术理性的整体性批判情境。尽管芬伯格的技术批判理论在借鉴库恩的历史主义和社会建构主义的基础上,规避了传统的技术工具论和技术实体论这两种非历史主义的技术理论的局限

---

① [加]安德鲁·芬伯格. 在理性与经验之间:论技术与现代性[M]. 高海青,译. 北京:中国社会科学出版社,2015:174.

性，意识到了技术的建构属性，并提出了技术代码与设计代码的概念，分析了技术的建构特性以及转换技术的可实现性，并拓宽了技术理论的批判领域，对技术转换与技术变革做出了乐观展望。但这种新的整体性叙事的出现无疑还是需要我们在现有基础上重新审视技术批判理论的内涵，这也对技术解放提出了更高要求，需要我们以更谨慎的目光看待当下技术理性所主导的社会体系。

二、芬伯格技术解放思想的建构路径

（一）技术机构的建构方式

在社会建构主义的方法论的基础上，芬伯格延续了法兰克福学派的技术批判逻辑，并提出了自己的技术解放思想。对芬伯格来说，他最关注的问题就是马尔库塞所遗留下来的难题，即在缺乏工人阶级基础的情况下寻找技术解放潜能，如何在微观层面和宏观层面实现技术转换与技术变革。

一方面是在微观层面的尝试，即技术微政治学理论的提出。受到资本主义社会实际状况变化以及后现代主义微观政治理论的影响，芬伯格并不认同传统技术批判理论所采取的宏观层面上的革命斗争方式，而是在微观视阈下提出了自己的技术政治学，即"技术微政治学"，一种建立在局部知识和行动基础上的情境政治学。在芬伯格看来，几十年社会民主运动的失败证明了传统政治理论在实践层面上存在局限性，过往所采取的宏观层面上的革命斗争方式已经不再适用于当今社会的现实状况，当代社会的工人阶级已经不存在马克思那个时代那样迫切的革命需求。因此，与传统马克思主义理论所追求的全面变革方式不同，芬伯格试图从宏观转向微观视阈，进行一种局部性的小规模干预。尽管这种微政治学不能直接动摇资本主义，也不能对社会发起全球性的调整，但芬伯格认为，它对大量潜在的集中行动有长期的颠覆性的影响。① 同时，芬伯格也指出了技术微政治学的微观途径，进一步为技术变革的具体实践提出了参考方向，即利益群体间的技术争论、技术设计过程中的公众参与以及用户对技术的改造和再发明。② 首先，对于利益群体间的技术辩论，芬伯格认为在技术设计过程中，我们始终无法满足所有群体利益，因此可以让不同群体针对技术设计展开充分讨论，使被抑制的利益需求得到充分表达。例如，动物保护主义者通过这一途径获得了一定的成果，通过表达保护动物这一价值诉求，与相关机构积极进行斗争，最终形成了一个更加人性化的技术系统，保证了不同群体的参与者利益，这也正是不同利益群体间可进行技术辩论的体现。其次，关于公众参与技术设计，芬伯格认为，技术转换与技术变革的内在要求就是扩大技术设计的参与范围，让与技术有关的各类人群都参与技术设计过程，将更多参与者的利益需求考虑进技术设计当中，从而让原来被压抑的技术潜能得到解放。对此，芬伯格指出，"任何能加强人类联系的技术都具有民主的潜能"③。最后，对于用户对技术的改造与再发明，芬伯格指出，在技术被技术专家制定完设计方向后，用户可以通过对技术进行改造，并将其改造结果作为一种技术反馈向技术专家进行反馈，使其纳入技术重新设计的考虑之中。通过对技术的改造与再设计，原有技术设计中用户所被压抑的技术潜能得到解放，技术的发展方向也发生了转变。

总体来看，芬伯格的技术微政治学既有反马尔库塞观点的一面，也有

① ［加］安德鲁·芬伯格. 可选择的现代性［M］. 陆俊，严耕，译. 北京：中国社会科学出版社，2003：43.

② Feenberg A. *Questioning Technology*［M］. New York：Routledge，1999：121.

③ ［加］安德鲁·芬伯格. 技术批判理论［M］. 韩连庆，曹观法，译. 北京：北京大学出版社，2005：113—114.

反马克思观点的一面。首先,芬伯格的技术微政治学并不以宏观改革、夺取政权为目的,而只是以进行局部性的技术设计调整为目的。在他看来,在当下资本主义社会所面临的技术霸权问题中,最根本的原因并不在于资产阶级的压迫,而是在于统治阶层以及技术专家所形成的技术专政。在芬伯格的阐述中,我们已经不再从生产方式上区分资本主义与社会主义,因为人们斗争的场合已经转向仅限于技术所开辟的现代空间。因此,激进的政治革命方式失去了合理性,芬伯格进而也就提出了技术微政治学这一局部性的技术干预方式。在这个意义上,芬伯格其实已经背离了马克思主义的解放理论。"现代技术开启了一个行为可以在社会体系中被职能化的空间,不管这种社会体系是资本主义的还是社会主义的。这是一个'两重性'的或'多元稳定'(multistable)的体系,这一体系可以围绕着它所'偏向'的至少两种霸权(即权力的两极)为中心来组织。从这种观点上看,'资本主义'和'社会主义'的概念不再是相互排斥的'生产方式',它们也不具有像监狱一样的社会和反叛的个人之间的两元冲突中所包含的含义。相反,它们是两种理想的类型,分别处于发达社会的技术代码中的变化的连续统一体的两极。因此,它们就在对各种技术问题的斗争中不断处于争论中。"[①] 其次,芬伯格的技术微政治学实质上是对马尔库塞持悲观态度的技术理性批判理论的一种回应。在肯定马尔库塞对当代社会技术理性渗透各个社会领域、操控社会体系这一现状展开批判的同时,芬伯格指出了其技术批判理论的一个局限性,即只通过寻求技术体系外部主体的帮助。而芬伯格提出技术代码的概念则恰好可以解决这一问题,这也正是芬伯格超越马尔库塞等学者的地方。正是凭借这一点,芬伯格扭转了马尔库

---

① [加]安德鲁·芬伯格. 技术批判理论[M]. 韩连庆,曹观法,译. 北京:北京大学出版社,2005:106.

塞技术理性批判理论的悲观态度。在他看来，马尔库塞对社会所提出的单向度判断是由于超越性批判的缺失以及外部改革派的推动所造成的，而技术内部实际上依然存在着可反抗的行动空间，所以芬伯格超越马尔库塞技术理性批判的最终落脚点定位于此。"在技术社会，边缘性潜在的是每一个人生存条件的一种状况。尽管我们社会机器不可或缺的部分，不能够把我们自己从中分离出来并且以传统的革命政治学的姿态向它提出挑战，但我们并不是无助的：我们正在发现如何作为社会技术系统中的互动者来行动。"①

另一方面，是在宏观层面的变革即技术代议制的提出。芬伯格指出，民主形式主要分为直接民主与代议制民主两种形式，直接民主即公众直接参与社会政治事务，代议制民主即从社会共同体中选举一部分代言人，维护共同体的共同利益。而芬伯格认为，技术世界就如同现实世界一样，可以在宏观制度层面应用代议制民主形式，实现技术代议制。不过，芬伯格也指出了技术领域内技术代议制与政治领域内选举代议制之间的区别。政治领域内的选举代议制所主张的以空间为划分依据的选举代议制形式不能直接转接到技术代议制上，技术代议制的选举关键则是在于其能否代表更多公众利益，能否通过技术代议制，扩大公众参与技术设计的范围，推翻技术霸权。"技术代议制并不是要选择一个可以信任的人，而是包含要体现技术编码的社会和政治的要求，各种社会力量在这些编码中达到了一种平衡……一个专家如果不能代表包含在编码中的利益，在技术上也将会是一个失败者。"②

① ［加］安德鲁·芬伯格. 可选择的现代性［M］. 陆俊、严耕，译. 北京：中国社会科学出版社，2003：280.

② Feenberg A. *Questioning Technology*［M］. New York：Routledge，1999：142.

通过对技术变革与技术转换的实现方式在宏观层面和微观层面上进行论证，芬伯格指出宏观层面上的技术代议制是从开端上改变人们的参与方式，这需要经过长期的实践过程，而微观层面的技术微政治学则相对来说更具有可操作性。因此，芬伯格还指出，相比于传统的技术政治学理论选择通过各式各样的技术将社会不同阶层的人们聚集起来，使其进入技术系统，技术微政治学则是让我们得以介入到技术的重新设计中，这为技术向着更加民主化的方向发展提供了可能。因为芬伯格的技术微政治学不仅追求技术体系内部的局部性改造与干预，更将扩大技术设计的参与主体范围作为目标，从而在最大限度地发挥人的主体性的同时，也能在微观层面满足更多参与者的利益需求，推进技术变革与技术转换进程。

（二）现代性批判方式的转变

"现代性"是一个含糊用语，一般指称由启蒙运动建立起来的现代（近代）时期所具有的特点。[①]但对现代性的探讨存在不同的层面，可以是社会学上的，研究内容涉及启蒙时代和人类理性；可以是形而上学层面的，关注的是人类的主体意识和对自然的控制等；也可以是体制上的，包括资本主义和工业化等；还可以是规范上的，包括物质进步和政治自治等。因此，对现代性的研究中存在着迥然各异的观点，而且众多的观点还处于不断地发展变化之中。因此，有学者提出了"现代性现象学"这一概念，试图运用现象学的方法，通过将众多学者探讨现代性现象的整体思路悬搁起来，实现对众多现代性理论的"有限悬搁"[②]。即使如此，仍然可以大体上将对

---

① ［英］尼古拉斯·布宁，余纪元. 西方哲学英汉对照词典［M］. 北京：人民出版社，2001：630.

② 俞吾金. 现代性现象学——与西方马克思主义者的对话［M］. 上海：上海社会科学院出版社，2002：26.

现代性的研究归结为两个方面：其一，主要关注的是现代性文化形式及其认识论；其二，主要侧重于现代制度研究。这两个领域常常相互交叉，又各自延伸开来，在研究取向上，前者对应人文科学，后者则对应社会科学。

自文艺复兴以来，人类的主体性意识逐渐兴起，人们高扬着理性科学的信念，确立了现代普适的科学、道德和艺术等价值观念，这些都推进了现代社会的产生。哲学家们也以此为背景展开对现代性的文化和认识论的研究。其中有一些学者从制度的角度探讨现代性，更多地将现代性看作是一种社会生活的模式或组织形式，主要关注"工业主义""资本主义""理性化""反思性"等主题，试图描绘出现代社会的发展状况。马克思、韦伯以及当代的吉登斯大致上都属于这一方向。也有一些学者关注现代性的权力运作，如福柯等。还有一些学者将对现代社会的关注重点集中在20世纪最后25年的发展状况，比如贝克的"风险社会"（risk society），克里斯滕森的"自反性社会"和贝尔的"后工业社会"就是如此。而对于批判理论阵营中的学者来说，如阿多尔诺、马尔库塞、哈贝马斯等人，他们则是同时关注现代性的制度和文化与认识论的取向。就芬伯格来说，他对现代性理解的出发点是法兰克福学派的理论传统，他在著作中对现代性的探讨主要集中于对现代制度、社会状况和意识形态领域的分析，明确反对从形而上学的抽象层面谈论现代性。

与他的老师马尔库塞以及其他法兰克福学派的理论家的观点相似，芬伯格也反对韦伯那样把技术合理性看作是抽象的和普遍的，存在着不同的理性化方式，而韦伯只看到了其中一种。[①] "那种活动具有特别的使它远离经验的特征，但是它与其他构造社会和文化世界的实践也具有特别密切

----

① ［英］尼格尔·多德. 社会理论与现代性［M］. 陶传进，译. 北京：社会科学文献出版社，2002：67.

的关系。合理性因而是在一种它永远不能完全超越的实践背景中产生的，它必然以合理化的制度和技术成就的形式返回到这种背景。它向世界的重新进入包含特殊的重新构造的实践，因为抽象并不完全'真的'离开某种社会的具体过程。"① 也就是说，形式上的合理性与实践中的具体合理性并不相同，形式上的合理性更多是一种理论上的"纯粹"，是为了从理论上分析现实而将现实简单化了。而实际上，合理性一定会受到社会各种因素的影响，并不是像韦伯所说的那样"纯粹"，即理性是存在于具体的历史场合之下的，理性植根于人类的实践，而不是以它作为人类实践的基础。② 所以，在芬伯格看来，韦伯对技术合理性的认识是片面的，现代性的真实基础的确是现代技术。韦伯虽然强调了技术合理性在现代社会中的作用，但忽略了社会价值对技术合理性的影响和渗透。正是基于对技术合理性的这种辩证认识，芬伯格提出了关于现代性的一个非常重要的论断："现代性并不是以事实上的理性自主性为特征，而是以不可避免的自主性假象为特征。"③ 也就是说，当前的现代性只是西方当下合理性的表象，而发生在当前现代社会中合理化的形式并不是唯一的可能形式。因此，芬伯格试图寻找一种可选择、可替代的合理化，特别是社会主义的合理化。这种合理化既能体现人类对自然的责任，又能体现人们对价值的文化保存，同时也能实现人类的解放潜能。在这样一个合理化社会，人们能够有希望打破当前现代性中的悖论，摆脱敌托邦的宿命，实现现代化。这也就是他所说

---

① ［加］安德鲁·芬伯格. 可选择的现代性［M］. 陆俊，严耕，译. 北京：中国社会科学出版社，2003：268.

② ［英］尼格尔·多德. 社会理论与现代性［M］. 陶传进，译. 北京：社会科学文献出版社，2002：86.

③ ［加］安德鲁·芬伯格. 可选择的现代性［M］. 陆俊，严耕，译. 北京：中国社会科学出版社，2003：267.

的"可选择的现代性"（Alternative Modernity）。

总的来说，芬伯格认为韦伯对技术合理性的认识是错误的，忽略了社会价值对技术合理性的影响和渗透。① 在这种观点的影响下，人类最终只能走向"合理性的铁笼"。芬伯格指出，我们不应对技术做抽象的理解，而是需要在众多不同的合理性之间进行判断，从而做出选择。在他看来，技术是可塑的，面对技术理性异化的现状，我们无须逃避，也不可能逃避，而是需要从技术内部做出积极的努力来变革技术，使得技术朝我们所希望的方向发展，并且以技术的基本变革为基础，实现一种与当前的或预想中的敌托邦的现代性所完全不同的另一种现代性图景。

既然合理性并不是像韦伯所论述的那样是抽象的和普遍的，那么现代性也不是唯一的，而是多元的。韦伯的"合理化铁笼"也就不是不可避免的。所以我们应该可以获得一种可选择、可替代的合理性理论，这种理论能够说明人类价值如何在社会的技术性结构中渗透，自由价值和技术理性最终又将如何和解。马尔库塞曾相信在一种全新的社会、人道与美学条件下，一种可选择、可替代的新技术是可能的，遗憾的是，马尔库塞在这方面的论述过于简洁，我们难以直接与具体的实践相联系。而曾经是马尔库塞学生的芬伯格则沿着这个方向继续前行，试图寻找到一条具有可操作性的能够实现可选择的现代性道路。在芬伯格看来，技术是现代性的真实基础，因此对于现代性的讨论也应以对技术的研究为基础。为敌托邦的现代性前景提供理论支持的是历史上曾经产生重大影响的"本质主义"技术哲学，而社会建构主义的研究成果不仅说明技术是技术规则和社会情境因素共同作用的产物，还进一步说明了技术与社会是共同演化的，技术的变革最终也会带来社会的变革，所以在芬伯格看来，我们可以尝试基于社会

---

① Feenberg A. *Questioning Technology*［M］. New York：Routledge，1999：161.

建构主义的技术哲学思想，从而实现可选择的现代性。

三、技术解放思想的建构目标

在分析出现技术理性异化困境的理论根源后，芬伯格认为，资本主义社会中技术之所以变成统治工具，是因为资本主义的社会情境压抑了技术的解放潜能。芬伯格驳斥了将效率视为技术唯一标准的观点的荒谬性。他认为，技术的进步对社会发展而言所起到的作用是明显而直接的，因此在某些情况下，技术的进步与社会的进步被划上等号。但效率并非衡量技术进步的唯一准则，这种技术发展观是线性单一的。这种技术发展观将西方的现代性模式作为现代性的唯一模式，并以效率的高低来判断现代化的程度。芬伯格认为，衡量技术进步的标准绝非只有效率，技术还受与其紧密相连的社会情境因素的影响，因此社会的现代性发展模式也不是唯一的。但这种以效率为唯一标准的异化的现代性发展模式不可能自我改变，芬伯格依据技术实现的少数人价值还是多数人价值，将现代社会形态分为资本主义与社会主义。在他看来，与资本主义不同，社会主义选择将集体的利益置于个人利益之上，是一种截然不同的社会情境。所以，芬伯格指出，我们只有改变社会情境、进入到社会主义文明中，才有可能替代资本主义的社会情境，拥有合适的技术衡量标准，改变技术的发展进程。这一理论方向也体现了芬伯格建构技术解放思想的最终目标和强烈的社会责任感。

（一）社会主义文明内涵的重新阐释

在技术哲学的研究过程中，许多技术哲学家都对未来社会的发展方向提出了自己的构想。海德格尔的思想开启了技术建构论的前进方向，马尔库塞将技术看作是操控社会关系的一种生产与组织方式，这些观点引起人们对技术霸权现象的反思。与这些技术哲学家相对来说抽象的思考而言，芬伯格则是依托其技术解放思想提出了更具体的社会主义发展模式，并没有像前人一样局限在抽象的理论建构之中。

在认真分析苏联与东欧模式的失败原因，反思原有社会主义模式之后，芬伯格认为，"社会主义与其说是一种政治的替代形式，不如说是一种文明的替代形式"①。所以，他尝试重建社会主义文明内涵，提出了一种替代先前社会主义，面向大众的新文明。芬伯格指出，苏联模式虽然未能成功，但这并不是社会主义错误的表现。芬伯格不同意将实现社会主义目标看作是一场分为两个阶段的政治革命的观点，在他看来，社会主义仍然是一种替代资本主义的现代文明方案。他将向社会主义过渡看作是"一种社会文明依靠自己的努力成功地向另一种社会文明转变的过程"。社会主义革命不再是疾风骤雨一般的外部政治斗争，而是在内部进行的变革。

在对原有苏联与东欧的社会主义发展模式进行反思之后，芬伯格尝试重新阐述"社会主义"的含义：（1）社会主义是一种资源的配置方式，其中公有制经济占主导地位；（2）社会主义是社会革命，而非政治革命；（3）社会主义是自下而上的运动。因此，芬伯格将实现社会主义看作是逐渐减少统治阶级、技术专家以及管理者的"操作的自主性"②，重新建立操作自主性所支配的劳动过程，这让实现社会主义的目标逐渐摆脱乌托邦色彩。"社会主义将是一种新的文化，不同的价值、不同的生活方式和不同的组织原则将在这种新文化中产生一种和谐的、充分综合的新型社会体系，这

---

① ［加］安德鲁·芬伯格. 技术批判理论［M］. 韩连庆，曹观法，译. 北京：北京大学出版社，2005：184.

② ［加］安德鲁·芬伯格. 可选择的现代性［M］. 陆俊，严耕，译. 北京：中国社会科学出版社，2003：94.

种新型的社会体系也将具有自己的技术体系。"① 可以说，芬伯格对社会主义内涵的重建是一次深刻的变革。在重新阐述社会主义含义的基础上，芬伯格进一步提出，实现社会主义文明的具体步骤。芬伯格认为这主要包括社会化、民主化和革新② 三个方面。首先，社会化指的是生产手段的社会化，是社会主义社会在技术层面的发展特征。其次，民主化指的是以技术为媒介的政治制度的民主化，能够消除其他社会因素所带来的阶级差别。最后，创新这个步骤指的是在社会主义社会这种新的社会情境中创建一个全新的技术发展方式，这主要是为了改变传统资本主义社会脑力劳动与体力劳动的传统分工模式。在他看来，这三个方面对于马克思主义的社会主义概念来说缺一不可，社会化和民主化将产生一种新的社会情境，随着全社会教育水平和劳动阶层素质的提高，技术创新模式也将得以改变，出现了涵括更大利益范围的技术代码。

在重建社会主义文明内涵之后，芬伯格也为实现社会主义文明提供了理论上的准备。首先是工具化理论的提出。芬伯格的双重工具化理论为技术本质的革新提供了实现的可能，这为实现社会主义文明提供了理论准备。通过对初级工具化和次级工具化概念的阐释，芬伯格为引入更广泛的技术设计主体提供了可能性，使得技术设计能够体现多元的价值理念，为技术转换和技术变革的实现提供了理论基础。因此，芬伯格的工具化理论对社会主义新文明内涵的阐释有重要的理论参考价值和现实意义。其次，芬伯格的技术批判理论反驳了西方的线性技术发展观，阐明了技术存在多种可能的发展方向。事实证明，社会公众将自己的利益需求交给技术专家或统

---

① ［加］安德鲁·芬伯格. 技术批判理论［M］. 韩连庆，曹观法，译. 北京：北京大学出版社，2005：169.

② 刘铁军. 安德鲁·芬伯格技术批判理论研究［D］. 哈尔滨：哈尔滨理工大学，2019.

治阶级，让这些代理人去实现自己的意志并不可行，这样只会导致社会不平等现象的出现。因此，芬伯格技术批判理论的提出是实现技术变革的前提和基础，也是实现社会主义文明的另一种理论准备。

在技术工具论以及技术批判理论这两种理论准备基础之上，芬伯格打破传统的技术专制，提出了技术转换与技术变革这一实现社会主义文明的发展路向。芬伯格认为，"技术合理性地占主导的形式既不是一种意识形态，也不是一种自然规律的中性反映。相反，它处在意识形态和技术的交叉点上"①。芬伯格认为，技术的转换与变革主要需要在两个方面实现。一方面，芬伯格从宏观革命转向了微观变革，尝试通过各个利益群体之间的广泛参与，利用局部性改革的方式实现技术变革的结果，尤其是"要赋予那些缺乏财政、文化或政治资本的人们接近技术设计过程的权力"②。特别是自20世纪90年代以来，公众参与技术决策已成为许多国家的发展趋势。③ 可以说，近年来芬伯格的技术微政治学不仅为技术转换与技术变革的具体实践带来了可行性，同时伴随着STS的发展，公众参与技术决策也成为当代社会中一个重要的话题，这种技术变革的浪潮是干预传统技术专家治国规则的强势力量，也为技术变革的深入推进提供了坚实的基础。另一方面，芬伯格则提出在技术转换与技术变革的实施时，不能只停留在政府和技术专家内部，而需要广泛利益群体的参与，他强调我们需要通过各个群体之间的相互协同，在进行局部性变革的同时，寻找到否定资本主

---

① ［加］安德鲁·芬伯格. 技术批判理论［M］. 韩连庆，曹观法，译. 北京：北京大学出版社，2005：16.

② ［加］安德鲁·芬伯格. 可选择的现代性［M］. 陆俊，严耕，译. 北京：中国社会科学出版社，2003：8.

③ 张丽娟，吴致远. 技术的公众参与问题研究［J］. 广西民族大学学报（哲学社会科学版），2016，38（2）：159—165.

义的技术根据，进而通往另一种现代性，即社会主义。

虽然芬伯格的技术转换与技术变革思想彰显了社会主义文明新的发展路向，不过其现实的实践发展进程仍是需要我们关注的一项长期的社会系统工程，技术的转换与变革只是实现社会主义新文明的一部分必要条件，如果缺乏其他社会因素的参与，将大大降低实现社会主义新文明的可能性。

（二）技术解放思想的现实图景：可选择的现代性

通过借鉴社会建构主义的研究方法，芬伯格在论证了实现技术转换与技术变革的可能性基础上，创造性地将现代性问题与技术研究之间架起桥梁，并在反思现代社会症状问题的基础上力图重建现代性，寻求建构一个合理性社会的途径，使现代技术和人类社会向着更加合理化的方向发展。在对技术和现代性深入研究的基础上，芬伯格提出了"可选择的现代性"理论，开始了重建现代性的尝试。自19世纪至今，现代性问题始终是当代社会所关注的重要议题。现代性加速了民族国家的形成，生活方式的转变以及个体认同的重建，导致了现实社会与生活世界中一系列有别于前现代的后果出现。正如美国学者马歇尔·伯曼所言，现代性"将我们所有的人都倒进了一个不断崩溃与更新、斗争与冲突、模棱两可与痛苦的大漩涡。所谓现代性，也就是成为一个世界的一部分，在这个世界中，用马克思的话来说'一切坚固的东西都烟消云散了'"①。

当现代技术以摧枯拉朽之力重建整个世界时，对现代性进行回应成为19世纪马克思以来学者们共同思考的主题。在这一思想背景下，芬伯格仍试图面对技术保持一种乐观态度，通过强调对技术公共领域的关注，试

---

① ［美］马歇尔·伯曼. 一切坚固的东西都烟消云散了［M］. 徐大建，张辑，译. 北京：商务印书馆，2013：15.

图将技术与当代的"权力批判"相互结合。① 在芬伯格看来，过去西方现代性追求的是效率，是通过技术手段控制社会以最大限度地获得利益。而在忽视人文价值的情况下，西方现代性失去了其他可能的发展方向。"正是技术发展使现代性成为可能，如果人们不充分了解技术发展，怎么会有希望理解现代性？而如果缺乏对保证技术在其中得以发展的更大的社会理论，人们如何能研究具体的技术？"② 丹尼斯·古莱特也指出，人们在运用技术手段解决问题的同时也破坏了世界文化的多元性，众多发展中国家都选择通过西方现代性进行现代化建设。但体现西方价值观的现代性发展模式并不是一种普适性选择，当发展中国家引入体现西方价值观的现代性发展模式时，必然会引起文化冲突，并对发展中国家的多元文化造成巨大的冲击。而这些多元文化正是当今社会的现代化发展所需要的。对此，芬伯格认为，现代技术是现代性的构成基础，只有将技术和现代性充分结合起来，用技术研究的方法去探索现代性，才可能找到新的社会发展出路。因此，透过对传统技术理论的批判，以及社会建构主义的思想基础，芬伯格提出了可选择的现代性，开始了对发展中国家的未来社会发展道路的探索。"正是由于技术本质的多样性、技术与价值的关系的多样性，技术才既可以支撑资本主义这样一种文明方案，也可以支撑社会主义这样一种不同的文明方案，这样就引出技术的可选择性以及与之相关联的现代性的可选择性问题。"③

芬伯格认为，技术设计的方向是多样的，这也就意味着主导社会的技

---

① ［加］安德鲁·芬伯格. 可选择的现代性［M］. 陆俊，严耕，译. 北京：中国社会科学出版社，2003：113.

② ［加］安德鲁·芬伯格. 可选择的现代性［M］. 陆俊，严耕，译. 北京：中国社会科学出版社，2003：251.

③ 朱春燕. 费恩伯格技术批判理论研究［M］. 沈阳：东北大学出版社，2006：158.

术理性的发展方向也是可选择的，所以实质上我们具有多样可选择的现代性。在他看来，可选择现代性的产生根源正是因为我们所处社会文化背景的多元性，所以芬伯格主张在文化领域内研究可选择的现代性问题。芬伯格认为，"如果一种可选择的现代性是可能的，那么，它必定不是根据内容，而是根据更深刻的文化形式上的差异"①。正如芬伯格所借鉴的尼采的谱系学研究方法，发现不同地区多元的社会文化背景会对技术理性产生不同的影响，形成多元的技术理性，而多元的技术理性形成后反过来又会维护多元的社会文化背景，所以由技术理性所主导的现代性的发展模式并非唯一的选择，而是具有可选择性的。芬伯格指出，西方现代性在提升技术发展水平和提高人们生活质量的同时也造成了二元对立这些弊端，在西方现代社会中，社会价值与技术理性不再紧密结合。但技术的多元发展能够为发展中国家的现代性发展道路提供多种选择，可选择的现代性可以反过来在克服二元对立这些技术带来的弊端的同时，维护各国多元文化的发展。

"也许，所有的现代制度和现代技术本身都由各种文化意义按相同的方式所构成。一种有活力的文化，无论它是古老的还是新的，只要努力把握住了现代性，它就能够影响其各种合理系统的进展。种种可选择的现代性可以出现，但其中的区别恰恰不是依据诸如饮食文化、时尚，或各种政治理想等，而是依据各种主要的技术和行政体制。"②

与众多西方学者不同，芬伯格在寻找现代性问题的出路时，并非只在西方文化背景下进行思考，而是对东方文化也进行了大量考察。在论述技术的可选择性过程中，芬伯格引用日本现代化的例子作为可选择的现代性

---

① ［加］安德鲁·芬伯格. 可选择的现代性［M］. 陆俊，严耕，译. 北京：中国社会科学出版社，2003：中文版序言 257.

② ［加］安德鲁·芬伯格. 可选择的现代性［M］. 陆俊，严耕，译. 北京：中国社会科学出版社，2003：264.

的论述依据，注意到了日本学者在面临相似处境时，与德国学者得出了并不相同的理论，他将此归结为是民族文化的作用。^①可以看出，在这一部分，芬伯格实际上是从社会文化视角出发对现代性问题进行思考的。

芬伯格认为，在日本现代化的过程中，传统文化与现代化理念之间曾发生过冲突，但这两种文化最终从冲突走向融合，成为了特定背景下现代性发展成功的示例。在讨论日本的现代性与文化关系时，芬伯格首先关注的是日本哲学家西田几多郎。作为一名在二战后希望日本能够成为独特的政治文化中心、维护日本传统文化、满怀民族主义热情的学者，西田在肯定现代技术文明的同时，认为他们不一定要选择走西方现代性发展道路，日本的传统文化可以尝试与现代技术文明相融合，探索自身的现代性发展模式。1942年，在日本召开研讨会的过程中，西田的追随者西谷也提出，日本文化是一种具有真正精神气质的文化，完全可以支持现代技术文明的发展。在维护日本传统文化发展的同时，西田同样强调了对其他国家文化的尊重。西田指出，各个国家的现代文化本质上都是平等的，每个国家都可以产生出与之相对应的合理的社会秩序。"到目前为止，西方人仍然认为他们的文化优越于所有其他的文化，人类文化也是朝着他们自己的形式发展。其他的种族，比如东方人，是落后的。而且，即使他们进步了，他们也将获得相同的形式。甚至一些日本人也有同样的看法。但是……我相信，东方文化中具有一些完全不同的东西。它们（东方和西方）必须相互补充，并且……最后实现完全的人性化。日本文化的任务就是要找到这样一个原则。"^②

---

① ［加］安德鲁·芬伯格. 可选择的现代性［M］. 陆俊，严耕，译. 北京：中国社会科学出版社，2003：39.

② ［加］安德鲁·芬伯格. 可选择的现代性［M］. 陆俊，严耕，译. 北京：中国社会科学出版社，2003：202.

　　受到西田现代性观点的启发，芬伯格进一步提炼出了有关现代性的重要思想，提出现代性是否只有西方现代性这一种形式，我们能否在东方文化背景下建立一种新的现代性，而且应如何提供这样一种多元文化的现代性等问题。为了解决这些问题，芬伯格进一步考察了日本传统文化，并从川端康成的《围棋大师》中汲取了灵感。芬伯格用川端康成的《围棋大师》中大师与年轻棋手所面临的围棋规则的变革与冲突说明了文化与现代性的关系。他认为，大师对围棋传统的遵循可以视为对传统文化的继承，而年轻棋手对现代围棋比赛规则的不同理解则可以看作对现代技术文明的接纳。因此，大师与年轻棋手之间的矛盾实际上可以看作是传统文化与西方现代性下的技术理性之间的相互制衡。芬伯格说："作为技术市场、民主选举的理性系统，他们能够在不同的文化背景下进行不同的实践。在这种环境下，日本文化并不是一种非理性的侵入，而是强调了技术合理性的不同方面，像我们看到的那样，它包括了自我实现、审美、对成功的追求，这种成功从种族中心主义立场上将在西方也是认同的。"① 在芬伯格看来，各个国家的文化都对世界文化的发展有所贡献，不存在普遍的可以替代各自民族的特殊文化范式，也并不存在普遍的可以应用于各个国家的现代性发展进路。芬伯格相信，"东方文化能够提供一种新的理解历史的范式，它不仅能回答当代的理论问题，而且还将满足对民族和文化共存新模式的迫切需求"②。

　　芬伯格认为，多元的文化背景形成了多元的技术理性，使得由技术构建的现代社会具有一定的可选择性，日本的成功就是一个能够说明可选择

---

　　①　Feenberg A. *Alternative Modernity* [M]. University of California Press，1995：193.

　　②　[加] 安德鲁·芬伯格. 可选择的现代性 [M]. 陆俊，严耕，译. 北京：中国社会科学出版社，2003：229.

的现代性的典型案例。日本成功地将现代技术文明与本土政治体制很好地结合在一起，成功走出了具有日本特色的现代化道路。在芬伯格看来，正如围棋在现代化建设过程中所经历的变革一样，只要我们把握现代性的标准，让技术理性以同样的方式进行改革，并充分发挥人类的主体性，无论是哪种文化，我们都可以将其有效地结合在一起，打造出不同于西方文化背景、适合本国国情的现代性发展模式，实现技术与社会的长远发展。不过芬伯格在通过日本现代化建设的成功来论证现代性的可选择性，为发展中国家的现代化建设提供了重要实践参考的同时，我们也要发现，日本现代化的成功也受到了很多其他社会因素的影响，这些都是现代化的本土化进程中不可忽视的因素，所以日本现代化的成功未必是可以完全复制的。此外，芬伯格对于日本现代化建设的论证也存在一些缺陷。芬伯格对日本案例的研究仅停留在哲学与文化思想层面上，即通过对西田哲学思想以及川端康成的文学研究尝试分析日本的现代化发展进程，并未在实践层面上做出更进一步的深入探索。但我们仍需意识到，芬伯格所主张的现代技术理性可以与本国文化结合，影响现代性发展方向的思想仍对发展中国家发展自己本国特色的现代化道路具有重要的理论参考意义。

马克思将无产阶级视为实现人类解放的主体，认为只有通过无产阶级革命，消除异化现象，才能进入社会主义，并实现真正的人类解放。而在芬伯格的可选择的现代性概念中，社会形态的变迁并不受某种本质力量的支配，而是多种社会因素影响的整体结果。在这一点上，芬伯格延续了法兰克福学派对上层建筑的关注，不再只关注生产过程中的资本增值，而是将研究重心转移到以文化为代表的社会形式上。所以，在思考如何在资本主义的现代性之外建立新的解放性的现代性时，芬伯格所寻求的方案是通过局部的内部结构性调整而实现整体性的变革，这也是芬伯格的可选择的现代性理论与马克思的解放思想根本区别所在。芬伯格的可选择的现代性理论一部分建立在对当下西方社会现代性所出现具体社会问题反思的基础上，他所想要讨论的实质上是在如今这些发展中国家的现代化建设过程中，是否可以避免西方现代性发展过程中产生的弊端。但我们需要认识到，芬伯格对现代性的讨论脱离了马克思主义政治经济学批判的路径，忽略了社会文化以及利用社会文化的人本质上都是作为资本生产与再生产的一个环节而被不断生产出来的实质。因此，尽管芬伯格在一定程度上为发展中国家的现代化建设提供了建议，但可选择的现代性仍无法提供真正的解放道路。

四、本章小结

可以看出，相较于马尔库塞的技术批判理论，芬伯格的现代性理论更注重技术的实践层面，试图从现代技术入手以实现可选择的现代性。而可选择的现代性概念的提出也在一定程度上推动了文化的多元发展。芬伯格指出，通过对可选择的现代性的研究，我们了解到西方现代性只是一种特定的合理化，只强调了技术的效率与控制属性，并没有穷尽技术的发展潜能。也就是说，当前西方现代性并非唯一必然的发展模式，只是建立在技术多元化的偶然的历史产物。此外，可选择的现代性不仅让我们意识到现代性发展的多种可能，还促进了全球文化的多元发展与共存。在当今全球化背景下，在西方文化占据着压倒性优势的前提下，可选择的现代性概念的提出为处于劣势地位的发展中国家提供了一条结合技术与本国文化的现代化发展道路。这条发展道路的出现有助于我们更好地保护本国多元文化，在现代化建设的过程中无须付出牺牲本国传统文化的代价。

总的来说，可选择的现代性的提出不仅改变了技术片面追求效率和控制的缺陷，也为技术的发展开启了多种可能性，拓展了技术的发展方向。同时，在当今全球化的背景下，在现代化的过程中可选择的现代性的提出也让我们意识到发展和保护多元文化的重要意义。

第四章 芬伯格技术解放思想的可行性探讨
——技术哲学的批判性建构何以可能

作为当前技术哲学研究的核心领域，技术变革的地位在向技术哲学后伦理转向后被进一步凸显。尽管各自具体研究方向有所不同，但学者们都将技术变革视为当前技术哲学的发展重点对其加以关注，都追求进行技术转换与技术变革从而满足相关利益群体的利益诉求。而对于如何开展技术的批判性建构、实现技术变革这一问题，芬伯格的技术解放思想就对此作出了相应回答。

一、智能时代下自我赋权的权力建构

芬伯格对传统的技术工具论与技术实体论展开批判，指出技术本质不是中性的，而是诸多社会因素与工具因素所共同影响建构的。芬伯格指出，既然技术领域是权力建构的核心场所，那么面对技术理性异化的问题现状，就应该让更多技术参与者重新参与技术设计环节，满足底层阶级的利益需求，最终实现技术解放。

芬伯格通过提出技术代码概念，将技术批判视角从过往的产品与生产过程环节转化为技术的设计环节，在技术设计环节对技术利益群体重新构建，由统治阶级及特定群体转换为更加广泛的相关利益群体，从而满足更多相关利益群体的利益需求，并最终实现技术解放目标。芬伯格认为，技术设计中的权力建构主要体现在两个方面。首先，由于存在技术偏见，传统的技术设计环节仅能满足统治阶级及特定群体的利益需求，"技术能够以加强权力、权威和一些人之于另一些人的特权的方式被使用"①。福柯也指出，技术作为一种微观权力在技术设计过程中被赋予了伦理意义。②因此，在当代工业社会中，现代技术实质上是政治规训的产物。技术的政治性不仅表现在技术产品的使用过程中，更表现在技术产品的设计与实际配置中。如温纳指出，长岛的摩西低桥的设计就暗含着摩西的政治意图，即限制公共汽车的通行，制约黑人和穷人前往琼斯海滩。这里的技术代码反映了当时特定社会情境下统治阶级的利益诉求，也体现出技术的发展受到多种社会因素的影响，是社会建构与选择的结果。其次，在福柯基于自我选择的生存美学基础上，芬伯格进一步提出通过技术转换改变我们当前的工具现状，实现自我赋权，完成技术变革与技术解放。不过，与福柯选择诉诸个体的局部抵抗不同，芬伯格认为我们存在另一种抵抗的可能性。在他看来，技术对文明形态的塑造以及人类生活水平的提高发挥了重要作用，因此文明的变革需要技术领域的转变，我们应该选择在技术领域中，在社会力量的干预下，实现个体主体性的回归。而芬伯格所提出的技术代

---

① Winner L. *Do Artifacts Have Politics?* [M]. Chicago：University of Chicago Press，1986：19—39.

② 张卫，王前. 技术"微观权力"的伦理意义 [J]. 哲学动态，2015（12）：71—76.

码概念以及技术的可建设性与可转换性为技术设计的内部改造提供了实施的可能性。在芬伯格看来，通过参与技术设计环节，人们能够通过参与技术事务，以一种积极的方式发挥自己的主体性，改变现有的权力格局，以此回应更多相关利益群体的利益诉求，使技术产品可以容纳更多元化的利益。正是通过这一途径，普通公众得以获得在技术中自我表达的机会，使其能够在参与技术设计的过程中发挥主体性，实现自我赋权，释放技术的民主潜能，从而实现技术民主化的目标。可以说，芬伯格在继承法兰克福学派技术理性批判的基础上，实现了从技术批判到技术转化的发展，在一定程度上以一种内在化方式规避了技术体系产生的消极后果。"在任何社会关系都是以现代技术为中介的情况下，都有可能引入更民主的控制和重新设计技术，使技术容纳更多技能和可能性。"①

　　由此可见，尽管技术在满足各个利益群体需求时发挥重要作用，对技术转换与技术变革的发展进程具有重要意义，但芬伯格的技术解放思想仍存在一些局限性。一方面，通过技术变革实现技术解放的理论目标受到文化认同、经济利益等其他因素的多重阻碍；另一方面，技术变革需要参与者通过对自我的赋权实现权力关系的重塑，而这无疑对公民的参与水平提出了更高的要求。然而，我们仍需要看到芬伯格的技术解放思想在强调技术的可塑性、超越经验转向后技术哲学偏重描述性的不足的同时，突出了技术哲学的参与性，这在一定程度上超越了技术统治论与专家治国论。总之，芬伯格的技术解放思想在为社会个体提供在技术领域发挥主体性的同时，也为技术哲学的设计转向提供了新的思路。

　　①　［加］安德鲁·芬伯格. 技术批判理论［M］. 韩连庆，曹观法，译. 北京：北京大学出版社，2005：84.

二、全球化时代下项目制的技术矫治

芬伯格的技术解放思想不仅追求以自我赋权的方式发挥个体主体性，进而改变现有的权力格局，回应更多相关利益群体的利益诉求，实现技术变革与技术解放，同时追求在国家现代治理体系的项目制分配路径下，芬伯格的技术解放思想能够得以渗透，达成技术哲学的批判性建构目标，实现技术解放。

作为符合国家现代治理体系和治理能力的财政资金分配路径，项目制不仅通过财政资金的重新分配重构了各级政府组织，尤其是基层政府的运作机制，也重新建立了地方政府与公民之间的权责关系。"当前中国的项目制并非一种事本主义的权宜手段，而且是深入到体制内部，与原有体制形成复合关系，进而全面影响国家各个层面的治理架构。"① 可以说，当项目制作为国家现代治理范式的概念被正式推出后，它已经超越了原有的工程管理范畴，受到了社会学、公共管理学等相关学术领域的广泛关注。

社会学学者在项目制研究方向进行深度田野调查的基础上，成功地实现了理论与社会现实的有效融合，准确地呈现出项目运作过程中组织主体与社会个体的互动关系。社会学领域对项目制的研究可以主要被细分为三个方向：以周飞舟等学者为代表的定位方向；以折晓叶、渠敬东等学者为代表的运作方向；以黄宗智、尹利民等学者为代表的实效方向。在定位方向上，周飞舟认为相较于原有的财政资金分拨制度，项目制有更强的针对性和专业性，能够更好地聚焦于规模化的公共服务供给和基础设施建设，同时降低财政资金转移支付的其他成本。因此，项目制逐渐成为中央政府

---

① 陈家建，张琼文，胡俞. 项目制与政府间权责关系演变：机制及其影响［J］. 社会，2015（5）：3.

向地方政府转移支付的重要路径。在运作方向上，折晓叶与渠敬东认为项目制突破了传统的科层体制，形成了一种能够将国家各级政府与社会各领域统合起来的治理模式，即国家部门发包、地方政府打包和村庄抓包的机制[①]，不同维度的控制权在委托方和承包方之间进行分配组合和演变。在实效方向上，黄宗智与尹利民都认为项目制的核心是中央政府以项目的方式实现财政资金的再分配。然而，黄宗智认为项目制可能导致政府出现管制强化与形式主义问题，而尹利民则认为项目制作为科层制和市场化之间的制度安排，与国家结构设计相契合，只要制度安排合理，遵循科层化和市场化的规则，项目制就能够提高国家财政资金使用效率，推进国家公共服务事业的发展。社会学领域下的项目制研究将抽象理论与现实生活有机结合，丰富了项目制的叙事结构，深化了人们对政治实践的了解。但由于对项目制运行逻辑认知常识的缺失，导致社会学研究路径对问题的解释与现实常识相偏离，这也使得他们在将项目制定位为财政资金转移支付工具、看作是国家治理新范式时，对技术矫治方式的构建体现出无力感。

而当社会学领域的学者们对项目制研究感到无力时，公共管理领域对此给出了自己的答案，在该领域中，项目制研究主要细分为三个方向：以付伟和邓岩等学者为代表的主体方向；以贾俊雪和张向东等学者为代表的政策方向；以吴理财和刘俊英等学者为代表的实践方向。在主体方向上，付伟和邓岩等学者认为，在项目制改革后，作为项目制执行主体的地方政府可以通过成立领导小组来削弱传统的科层体系权威，调整任务分配模式，重塑领导权威，并推进项目制的落实。在政策方向上，贾俊雪和张向东等学者认为非均衡的现代化发展现状决定了地方政府的政策选择，这也是理

---

① 折晓叶，陈婴婴. 项目制的分级运作机制和治理逻辑———对"项目进村"案例的社会学分析［J］. 中国社会科学，2011（4）：127—133.

解项目制等政策实践的内部机理。[①] 在实践方向上，吴理财和刘俊英等学者认为项目制能够促进多元主体的发展，保障社会的发展秩序，并推进国家治理模式的转型。然而，项目制的运作治理模式在提高政府解决社会问题的效率，确保政府宏观经济调控能力和资源分配能力的同时，地方政府的自利行为也会在一定程度上使政府偏离项目初衷，削弱地方政府的权威性。公共管理领域对项目制的研究主要从政府政策、社会组织与公共服务等对其进行整体系统性探索，实现对项目制的多层次、多维度理解。但公共管理领域对项目制的研究更多地仍是关注于自身行为主体的相互博弈所导致的非制度化损耗，并没有对项目制的自身属性和内部逻辑进行深入研究，仍无法摆脱社会学对项目制设定的基本范畴。

尽管社会学领域和公共管理领域在对项目制的研究方向上有所不同，但这些研究都清晰地展现了项目制的运行机制，为我们对项目制的进一步探索奠定了基础。然而，不论是社会学还是公共管理学，这些领域对项目制的研究都忽视了项目制的本质属性，即项目是一项技术，是一种以理性化、专业化和技术化为主要特征的运作模式。因此，无论是学术研究还是加强社会治理，我们都需要从技术政治学的角度对项目制展开研究。

作为现代性的主要构成要素，技术在形塑社会秩序的同时也为社会发展提供了机遇。然而，尽管我们对社会的具体技术层面了解很多，但对技术的本质了解甚少。随着20世纪以来技术水平的迅速发展，技术内涵也得到了进一步扩展，对于技术的本质，芬伯格提出技术是一种包含器具与社会要素的系统。"技术之所是，包含着对器具、仪器和机械的制作和利用，包含着这种被制作和被利用的东西本身，包含着技术为之效力的各种需要

① 张向东. 央地关系变化逻辑与政策实践的微观机理——兼论项目制的定位［J］. 四川大学学报，2020（5）：188—192.

和目的。"[①] 这代表技术不仅意味着具体的技术器具与技术装置，更意味着一种意识控制的实践能力。

显然，技术在生产实践的基础上同时具有理论的指导作用，所以建立一套完整严密的技术体系，不仅包括传统的改造自然的设备工具等一系列硬技术，还包含管理社会、国家治理等一系列软技术。从操作性的视角来看，项目制是一种治理技术的实践形式，只有通过计划、评估、审核和立项等一系列标准化程序环节，才能够达到最终的验收标准，并且只有确保项目的落地实施，才能获得社会认可。因此，项目制不仅是一种技术，还是一种打破了传统操作程序的国家治理技术，通过标准化、规范化、效率化等技术逻辑渗透到其他各个领域。

首先项目制技术逻辑的核心特征是标准化。中国政府一直实行上级政府提出指标、分配任务、对下级政府进行量化考核的目标责任制。作为评估政府的制度工具，目标责任制将项目分解为线性的、可操作的、具有纲领性的工具标准，从而确保技术工程项目的标准化操作。可以说，基于形式理性的标准化项目制的时间节点已经成为当前我国治理的制度载体。这种标准化管理无疑有利于项目的注册、申请、执行、评估等环节，能够确保国家财政资金拨付意图的实施，这正是项目制技术逻辑的核心特征。其次，项目制的技术逻辑还具有规范化特质。项目制的核心在于确保中央政府的宏观经济调控能力与国家财政资金的资源分配。尽管项目制是对传统科层制度的超越，但具体项目的落地离不开科层制度的有效运作。通过制度化的培训以及与科层制度的结合，项目制可以实现权威与技术的有效结合，运行始终受由知识、技术、权力相结合的利维坦式规范所主导，发挥

---

① ［德］马丁·海德格尔. 演讲与论文集［M］. 孙周兴，译. 北京：生活·读书·新知三联书店，2005：4.

更强大的强制性权力。最后，项目制追求效率化的发展逻辑。自改革开放以来，国家治理模式的不断革新向社会表明，单纯的计划或市场经济体制不能保障持续稳定的治理绩效。作为一种治理技术，项目制不仅可以加强国家监管与市场治理，还可以通过制定标准实现有效的地方治理。然而，即使是专项分配的即国家财政资金，也容易陷入效率耗损的困境。为了避免财政资金运行效率过度耗损，中央政府在科层制度中嵌入了市场机制，试图创造竞争性的项目分配环境，在有限的政府竞争与市场主体完全竞争的参与下，实现项目制的效率目标。

由于项目制本质上是一种治理技术，因此从芬伯格技术建构的角度来看，所有实现项目制目的的技术体系内的每个选择和行为都会受到各种社会因素的干预和影响。作为一种治理技术，项目制的推进不可避免地会受到政治、经济、制度等各种社会因素的制约，从而阻碍国家财政资金拨付的有效分配。"项目制处于一个环境之中，并且易于受到来自环境的可能影响，这些影响可能要把系统的基本变量逐出其临界范围"①，从而对项目制的运行形成压力，最终造成项目制本身结构替代的结果。首先，在政策方面，由于政治环境的特殊性，我国公共政策采取了以属地管理为原则的行政发包制。地方政府不仅具有政策解释权、决策权和执行权，而且可以根据政策环境的特殊性进行灵活裁量。"政策变通就是下级为完成政策目标、依据不同情况对政策执行方式做出非原则性变动"②，作为一种治理技术，项目制的出发点是贯彻中央对地方的政策执行意图，加强中央对地方事务的控制，防止在政策执行过程中出现偏离。在项目运作过程中，

① ［美］戴维·伊斯顿. 政治生活的系统分析［M］. 王浦劬，译. 北京：人民出版社，2012：30.

② 刘骥，熊彩. 解释政策变通：运动式治理中的条块关系［J］. 公共行政评论，2015（6）：89—90.

地方政府会根据自身环境和其他因素，灵活性地根据权重完成项目指标，从而在最终验收和考核中获得优秀的成绩。然而，对量化指标的过度看重可能会导致落地项目不能满足目标群体的实际需求。简而言之，项目制存在可运作的灵活空间，这无疑偏离了技术治理的内在要求。其次，在经济方面，由于地区、经济水平和社会环境的差异，国家无法直接通过系统完整的标准化机制准确识别所有公民的需求。因此，为了实现有效的基层治理，中央政府允许基层政府根据当地情况采取灵活自主的财政资金分配模式，这一政策无疑扩大了利益相关者的自主性空间，并为利益相关者之间的互动构建了稳定的分利秩序。分利秩序是以权力为主导，以去政治化为主要表现形式，以去目标化为基本追求的稳固的利益分配结构。① 项目制只能通过利益集团以转移或妥协的方式解决冲突，客观上为普通公民提供了加入围绕项目形成的利益格局的机会。然而，由于普通公民受损利益空间和影响相对有限，所以他们只能接受有限的剩余资源，无法成为扭转现有分利秩序下群体地位的力量。最后，各利益相关者相互依存、相互制约，形成一个稳定的项目分配利益秩序，这不仅导致国家资源的过度消耗，也会造成基层社会治理的内卷。

　　总的来说，虽然政府已经掌握了项目制运行的具体过程并意识到了项目制改革的制度优势，在地方政府没有有效实施分税制改革之前，中央政府将尝试寻求通过以项目制为工具来提高地方政府的规划与治理能力。但是，项目制运行也会导致结构替代问题的出现，这会造成国家资源持续增加，基层治理陷入内卷的困境。一方面，尽管以权力—利益需求为驱动导向的项目资源配置模式导致国家资源分散、政府权威受到削弱的结果，但

---

① 李祖佩. 项目进村与乡村治理重构———一项基于乡村本位的考察［J］. 中国农村观察，2013（4）：10—12.

由于上层阶级的利益需求，多数普通民众的意见被忽视。另一方面，国家也在努力通过项目制实现治理能力与治理体系的现代化。不过由于项目制本身的利益属性可能引发具体项目利益相关者的牟利行为，所以这些行为也会在一定程度上削弱基层治理能力。因此，当具体项目所应用的普遍规则无效、只能通过结构替代的方式运用特殊性规则时，就会在一定程度上导致治理体系危机的出现。

作为具有本国特色的治理技术，由于现阶段的项目制模式常因其技术自主、结构替代等局限性而未能达到预期效果，受到批评。因此，如何避免项目制的运行陷入困境、实现项目制的技术矫治，是我们当下需要考虑的现实问题。针对项目制的技术矫治，实现技术民主化的目标，对此我们可以借鉴芬伯格的技术解放思想，在芬伯格的技术解放思想背景下，对此问题我们可以主要从两个方面展开讨论，一方面需要借助公民这一参与主体的广泛参与，另一方面则需要加强符合更多参与者利益需求的制度平台建设。首先，通过对项目制技术特征的深入分析，我们认识到项目制的运行需要公民的广泛参与，以提高项目制模式运行的有效性，避免技术风险。自 20 世纪 60 年代以来，治理范式和规范价值体系的转变促进了公民参与领域的拓展，参与途径逐步规范化，参与项目逐渐与公民利益取向相一致，这使得政府能够赢得公民更多的支持，最终建立起一个差异更少、易于监管和治理的和谐社会。因此，公民参与是克服项目制弊端的一种切实可行的方式。芬伯格认为现有的技术体系虽然反映了统治阶层的利益需求，但并没有展现底层阶级的价值取向。为了消除技术体系的负面影响，芬伯格特别关注公民参与技术设计的过程，并建构了一个以技术代码概念为核心、具有社会建构主义为取向的技术批判理论体系。为了展开对技术体系的系统批判，芬伯格提出将技术体系的控制性角色转换为解放性角色，以实现技术民主化，促进社会的平等与正义。其次，实现项目制的技术矫治不仅需要公民的广泛参与，还要重视技术设计过程，搭建满足更多参与者利益需求的制度平台。芬伯格指出，尽管当前技术代码展现了统治阶层的利益需求，但作为普通公民日常生活中的行为规范，技术代码对普通公民实现了技术操控，抑制了人们的技术潜能，这使得技术代码不具有稳定的结构形态。为此，芬伯格尝试用"参与者利益"的概念阐述不同利益群体在技术发展过程中的需求，并提出技术转换和技术变革的具体实施路径，即技术设计过程的民主化。因此，可以说利益相关群体积极参与技术设计过程满足其自身利益需求是实现技术矫治的逻辑前提，因为多样化利益群体的参与可以将更广泛的利益需求考虑进技术设计中，改变当前只考虑统治阶层利益需求的技术体系。所以，在芬伯格看来，普通公民参与技术设计不仅有助于解决我们当前面临的技术困境，也有助于建构一个更加公平、更加正义的社会。最后，芬伯格还提出了普通公民参与技术设计的具体路径，即技术争论、创新对话、参与设计和创造性再利用，在他看来，"这些特定的途径已经成为现代政治活动的明确特征，需要技术设计来解决公民的反驳，并为官方的'技术评估'设定参数"①。

简而言之，作为一种治理技术，项目制具有其内在运行逻辑与独立性。在应对社会问题的解决时也具有时效性。然而，在解决价值问题时，项目制却较为乏力。由于遵循逻辑实证主义原则，项目制的运行在强调标准化的绩效标准的同时，未能充分考虑价值问题，导致社会现实与价值的分离。但我们需要意识到，解决社会问题的关键并非仅仅单纯地通过技术工具提高生产效率和实现生产目标，而是实现生活世界的终极价值。为了避免价值理性被工具理性所替代，避免破坏伦理和经验等价值标准与效率、程序等工具标准的平等关系，项目制必须加强公民参与，以公共利益为前置价

---

① Feenberg A. *Questioning Technology*［M］. New York：Routledge，1999：120.

值。因此，通过借鉴芬伯格的技术解放思想，以公共利益为价值取向，公民可以通过技术设计等相关项目流程，避免项目最终效果偏离初衷，从而实现良好的社会治理。总之，虽然项目制仍面临着技术自主、结构替代等技术实践困境，但在芬伯格的技术解放思想的基础上，项目制有了新的实践方向。

三、本章小结

通过以上各章节的介绍，我们对芬伯格的技术哲学有了比较全面的了解。如前所述，芬伯格技术解放思想渊源甚多，是现代思想家中少有的集大成者，几乎当代西方的各种主要哲学思想都能在其中找到痕迹，他的批判理论可以说是一种综合，也可以说是一种调和。芬伯格注重吸收诸如马克思、海德格尔、马尔库塞、杜威等思想家的一些思想或观点，并在此基础上提出了一些开创性的观点，形成了自己独特的技术解放思想。对于芬伯格的技术解放思想，很多人提出了批评。首先，很多人对于芬伯格技术解放的理论目标表示怀疑，认为在现实生活中我们无法真正实现技术解放，也无法通过技术解放来实现人类解放。芬伯格的技术解放思想的下一步——究竟能够走向哪里这也是事关芬伯格技术哲学生命力的重要问题。其次，对于芬伯格的理论建构也提出了批评。芬伯格希望通过技术变革推动社会民主，通过技术转换助推人的解放，将技术视为推动社会民主的核心变革因素，而政治、经济和文化等社会因素似乎都围绕技术展开而成为技术的附庸。由此看来，芬伯格的出发点是建构论的，落脚点却是技术决定论的。最后，关于芬伯格所提出的公众参与技术设计，进行技术变革的实现路径，也有许多学者怀疑公众参与技术决策和技术设计的可靠性。不过尽管如此，我们仍然能够从芬伯格的技术解放思想中得到许多有益启示。首先，受法兰克福学派的影响，芬伯格的技术解放思想具有强烈的批判性色彩，这超越了经验转向后的技术哲学重描述的局限性。其次，芬伯格的技术解放思想强调技术哲学的参与性，为技术哲学家参与技术设计和决策过程提供了良好的途径。例如，在帮助公众识别技术代码方面，芬伯格提出技术哲学家应该承担更多的社会责任。最后，芬伯格的技术解放思想呼唤一种自我伦理。现代社会以普遍理性压抑了个体的主体性，因此社会个体需要以"自我赋权"的方式表达自我主张，实现技术变革。这种社会行动者的自我伦理是技术时代对公民素养的基本要求，也是实现技术变革的必要前提。总之，芬伯格的技术解放思想为社会个体提供了在技术领域中表达自我主张的机会，同时也为技术哲学的设计转向提供了新的视角和思路。这不仅是一笔宝贵的精神财富，对当代正在进行社会主义现代化建设的中国也具有重要的借鉴意义。

第五章　芬伯格技术解放思想评价

本章主要内容是对芬伯格技术解放思想进行评价，主要从芬伯格技术解放思想的理论价值与现实意义两个方面展开。面对当前技术理性异化问题，研究芬伯格的技术解放思想对技术哲学后续的理论发展以及我国现代技术的未来发展都有着建设性意义。

一、芬伯格技术解放思想的理论贡献

作为技术哲学的代表学者，芬伯格坚持了法兰克福学派原有的技术理性批判传统，并努力寻求技术领域与社会领域的相互融合、相互交汇之处。对芬伯格的技术解放思想展开研究能够让我们更好地理解现代技术概念，意识到技术不仅是一种工具，更是一种完全渗透在人类社会生活各个领域的意识形态。因此，这一部分我们主要对芬伯格技术解放思想的理论价值展开探讨。

（一）超越技术本质主义

自 1877 年技术哲学诞生以来，技术哲学循着本质主义的发展轨迹走过了很长一段时间，而后又受到建构主义的影响，经历了由理论到实践的发展过程。作为马尔库塞的学生，芬伯格继承了技术理性批判这一逻辑线索。然而与马尔库塞不同，芬伯格并不将技术理性在当代社会的主导性地位所造成的压抑性统治看作是技术发展的必要附加结果。芬伯格指出，在大多数现代性理论中，技术理性都围绕效率发展的，然而芬伯格认为在技术建构论的视阈下，效率并不是技术理性开发的唯一条件。"技术发展不是一支寻求靶子的箭，而是一颗枝条伸向四面八方的树。"① 在他看来，这条以效率为中心的传统技术理性演化路径可能让现代性理论背负着极大风险，因为它消除了现代性的许多基本范畴，如普遍性与特殊性、文化与阶级。如果没有明确能够引导社会发展的技术理性演化路径，那么现代性理论有极大可能变得更加抽象，走向彻底的相对主义。芬伯格指出，当下诸多现代性理论将技术的抽象本质看作现代性的核心要素，这种认知错误主要是由当代技术领域的两个特点导致的。首先，现代技术忽视了影响技术理性发展的社会因素，漠视了非统治阶级的利益需求。其次，现代技术理性建立了一种抽象形式，并借助这一形式将社会各个领域的内容涵盖其中。总之，当芬伯格探讨技术理性批判理论时，他看到了技术领域与社会因素的相互建构特征，意识到了技术活动的内在辩证特质，这一特质也成为芬伯格在讨论技术理性批判理论时的思想基础。

所以，芬伯格试图尝试在传统技术理性批判与技术建构论这两种理论之间寻找到一种折中的解决方案。在他看来，技术领域与社会因素之间的关系，既不是像传统技术理性批判所批判的那样，是技术领域对社会因素的完全支配，也不是像技术建构论所谈及的那样，是社会因素对技术领域

---

① ［加］安德鲁·芬伯格. 在理性与经验之间：论技术与现代性［M］. 高海青，译. 北京：中国社会科学出版社，2015：147.

的完全建构。社会因素与技术领域之间是一种相互建构的关系。"技术的不可能毫不含糊地表达清楚，必须对之做出解释，而自从技术遵照其解释功能得到改进以来，这一事实对技术所谓的决定性作用提出了质疑。因而，技术对社会的影响与社会对技术的影响是相互对应的。这种循环有其社会本体论意义。"[①]因此，芬伯格认为在当今社会中，技术理性的丰富性不仅体现在其形式上，更体现在其内容上。在讨论世界解蔽时，我们不仅应该讨论对技术本质的解蔽，更应该讨论对技术理性价值与社会维度的解蔽。"技术满足需要，同时也促成其所满足的需要的涌现；人类制造技术，反过来，技术也形塑人之为人的意义。"[②]

（二）创新技术批判理论的发展路径

芬伯格试图突破原有的批判框架，从技术建构论的视角展开对现代性的思考，他将技术现象的理性规则和经验事实相结合，指出技术并非一种普遍的合理性，技术领域的发展受到各种社会因素的影响，技术的现代性是可选择的。在他看来，在科技迅速发展的社会背景下，只有符合绝大多数民众利益需求的技术设计方案才有更长远的发展前景。

尽管芬伯格提出了可选择的现代性概念，建构了自己的技术解放思想，但可选择的现代性仅仅是芬伯格自己对于解决技术理性异化问题的一种尝试性解读，具体如何实现可选择的现代性我们仍无法得知。此外，虽然芬伯格的理论目标是人类解放，但他的技术解放思想仅仅是提出了初步的技术设计方案，还停留在对技术解放的分析阶段，并将技术解放的实现寄希

---

①　［加］安德鲁·芬伯格. 在理性与经验之间：论技术与现代性［M］. 高海青，译. 北京：中国社会科学出版社，2015：161.

②　［加］安德鲁·芬伯格. 在理性与经验之间：论技术与现代性［M］. 高海青，译. 北京：中国社会科学出版社，2015：161.

望于公众素养的提升。虽然技术解放是人类解放过程的重要一环。但我们需要意识到技术解放并不能完全代表人类解放的全部过程，单纯从技术解放角度很难充分说明人类解放问题，不过我们应肯定芬伯格的技术解放思想已经充分讨论了技术在当代工业社会中的重要价值。尽管芬伯格仅仅是提出了自己的初步技术设计方案，但是经过芬伯格实践性的技术哲学思维以及具体化的实践路径的深入分析，相信芬伯格的技术解放思想对未来人类的解放之路将有所裨益。

二、芬伯格技术解放思想的实践价值

芬伯格的技术解放思想不仅在理论层面上对技术展开了系统研究，而且在实践层面上通过对大量技术哲学相关案例的分析揭示了技术哲学的实践属性。在他看来，尽管当前的技术哲学理论研究能够为技术发展提供指导，但理论研究终究不能有效解决遇到的实际技术困境，所以与过往的技术哲学思想相比，更关注理论可操作性的芬伯格技术解放思想无疑更具有实践价值。"抽象等操作不能脱离文化语境。必须有指导操作的指导原则，它们是从社会、经济、政治和文化风格中提取的。其中有些指导原则是明确规定的，如区域划分的规则。而很多其他指导原则隐含在'实践背景'中。"①

（一）技术哲学研究的现实取向

芬伯格技术解放思想的提出对中国现代技术的发展以及技术哲学的探

---

① ［加］安德鲁·芬伯格. 技术体系：理性的社会生活［M］. 上海社会科学院科学技术哲学创新团队，译. 上海：上海社会科学院出版社，2018：245.

究具有重要的指导意义。当前我国面临着长期处于社会主义初级阶段的基本国情。而我国之所以要长期处于社会主义初级阶段，根本原因还是在于我国人均资源占有量太低，生产力发展水平不高，所以社会主义现代化建设可以说就是经济的增长，而经济的增长与可持续发展之间的矛盾影响了生产力的进一步发展，这也是与我国社会主义现代化建设不相适应的地方。这种矛盾的解决归根结底需要技术的发展与创新。所以对于当下的中国，技术的发展与创新被放在了首要位置。正如习近平总书记所强调的一样：科学技术的发展已经完全能够左右国家前途和人民生活，我们必须也一定要切实将科学技术的发展地位摆在重要位置上。而这种将技术的发展与创新放在首要位置的思想与芬伯格在《可选择的现代性》中所提及的需要激发一种技术解放思想不谋而合。芬伯格在《可选择的现代性》中指出，"技术发展并不仅仅依赖于理性，还依赖于社会"[1]。

通过对日本的现代化发展进程进行分析，芬伯格提出可选择的现代性概念，指出每个国家都可以创造出符合各自国情的现代化发展模式。在他看来，语法不是单一的，固然技术也不是单一的。[2] 多元的社会文化蕴含着实现技术多样化发展的可能性。国外的技术发展主要受到理性文化的影响，而我国的技术发展缺乏一定的理论基础，受社会实际经验的影响较大。对此，芬伯格认为中国可以用"一种与其真正的发展可能性相适应的方式确定自己的富裕模式"[3]，而要"创造出适合我国的现代化发展模式"，

---

① ［加］安德鲁·芬伯格. 可选择的现代性［M］. 陆俊，严耕，译. 北京：中国社会科学出版社，2003：4.

② ［加］安德鲁·芬伯格. 可选择的现代性［M］. 陆俊，严耕，译. 北京：中国社会科学出版社，2003：267.

③ ［加］安德鲁·芬伯格. 可选择的现代性［M］. 陆俊，严耕，译. 北京：中国社会科学出版社，2003：5.

我们就需要利用我国技术所拥有的独特文化优势进行科技创新，并对其他国家的科技文化取其精华，去其糟粕，"就需要注重全体人民丰富多样的互动"①，我们就需要意识到技术理性在当代社会中发挥的主导作用，打造一个满足技术发展的包容性环境，并且加强对技术型人才的培养。一个包容性的技术发展环境的构建，无疑能够极大地推动社会主义的现代化建设，无论技术发展带来怎样的结果，人们始终能对技术抱有理解性的态度，这种态度能够极大地鼓励科技的创新与发展。同时，我们也要在接受技术成果给日常生活带来诸多便利的同时，加强对技术型人才的培养，鼓励具备专业知识和技能的相关从业人员更多地进入科学技术研究领域。在包容性的技术发展环境下，整个社会对科技以及相关从业人员也将抱有友好态度，从而吸引更多人投身于科学技术研究工作中去。而更多的技术型人才的出现无疑将极大地推动科技的创新进步，进一步提升社会整体运作效率，并增强民众对科技的认同感，为国家的社会主义现代化建设添砖加瓦。

尽管芬伯格目前无法具体回答出中国能够通过何种具体的技术发展方式实现自己的富裕模式，但相信通过他对传统西方社会技术理性发展模式的反思，我们不仅能更加充分地了解技术本质，通过对其思想的研究还可以为国家技术哲学的发展提供具有选择性和批判性的观念，打造出一个更好的理论环境，从而进一步推动国内技术的现代化建设。

（二）技术治理的多条进路

随着技术的飞速发展，许多学者已经像芬伯格一样意识到了技术在人类社会中的关键地位，并发现技术发展的方向决定了未来社会中人类的发展前景。因此，这些学者也在试图恢复人类在技术发展过程中的自主性，

---

① ［加］安德鲁·芬伯格. 可选择的现代性［M］. 陆俊，严耕，译. 北京：中国社会科学出版社，2003：7.

使人类能够重新掌控技术，从而为人类的未来发展贡献力量。就如芬伯格所提及的，"所有现代工业社会在今天都处于十字路口上，面临着两种不同的技术发展道路。它们或者加强对自然和人类的剥削，或者转向支持解放应用的技术综合趋势的新道路"①。然而，这些学者对于恢复人类主体性的诉诸方式各有不同，有的学者选择将其交由宗教信仰来解决，有的学者则是选择尝试提出具体可行的实践路径。E·舒尔曼就在他的 *Technology and the Future* 中规划了关于技术与人类发展的未来前景。在他看来，如果要恢复人类的主体性，并实现对技术的民主控制这一美好解放前景，就只能诉诸一种"超主体的规范性"原则来指导技术的发展，即借助基督教的力量。E·舒尔曼认为，"如果不从根本上恢复宗教意识，如果人类的错误观念得不到纠正，对自主性的任何突破的影响都将只是暂时性的。如果人类用一种绝对化的自由或一种绝对化的政治民主制的观念来取代一种绝对化的技术力量的观念的话，那它真是仅仅从炸锅里跳到了火中"②。所以 E·舒尔曼将解放的希望寄托在了基督教的信仰之上，"当人们植根于这种信仰而生活时，他们就能自由地和负责地接受他们在技术中的任务"③。虽然 E·舒尔曼的确提出了一种提升人类自主性的解决路径，但在如今的时代，如果将人类与技术未来的发展前景寄托于某种宗教信仰，这只能被视为又是一种乌托邦式的解决方案，无法真正实现人类自主性的解放。所以相较于 E·舒尔曼所提出的最终诉诸基督教的解放路径，芬伯

---

① Feenberg A. *Transforming Technology: A Critical Theory Revisited* [M]. Oxford University Press，2002：188.

② ［荷］E·舒尔曼. 科技文明与人类未来——在哲学深层的挑战［M］. 李小兵，等译. 北京：东方出版社，1995：375.

③ ［荷］E·舒尔曼. 科技文明与人类未来——在哲学深层的挑战［M］. 李小兵，等译. 北京：东方出版社，1995：382.

格的技术解放思想无疑更具有可操作性。

三、本章小结

芬伯格的技术解放思想体现了法兰克福学派第三代学者对自身技术哲学发展进行的反思。为了回应技术时代发展的需要，解决当下工业社会所出现的技术理性异化问题，芬伯格在批判分析马尔库塞与哈贝马斯关于技术的主要观点的基础之上，部分吸收并借鉴了他们理论思想中的合理之处，建构了自己的技术解放思想。

尽管如前文所述，芬伯格的技术解放思想存在一定局限性，很多学者对其实现可选择的现代性过程表示质疑，认为这种愿景过于乐观。但我们应该意识到，芬伯格的技术解放思想无论如何仍具有积极意义。也许芬伯格所希望的可选择的现代性最终不会实现，但他打破了人类不可避免走向敌托邦的这种宿命论的观念，指出面对当前现代性的敌托邦，我们终究需要采取行动，倡导突破困境的努力，而不是无所作为。芬伯格也一再强调，技术解放思想只是提出我们在技术领域探索的可能性，我们可能会实现技术变革，实现技术解放与人类解放，走向美好的社会，也可能会走向敌托邦，未来的发展前景取决于我们现在的努力。因此，这也许就是芬伯格技术解放思想的最终意义所在。

结　语

　　当前，国家科技实力的发展状况对国家的现代化进程具有重要作用，而芬伯格的技术解放思想对人工智能等新型技术形式的发展状况带来的影响以及技术与社会的互动关系有着较为深刻和细致的阐释。我们可以看到，在纷繁复杂的思想传统中，在与现实社会的不断实践与碰撞中，芬伯格始终在探索技术与社会之间的相互关系，最终建构了其技术解放思想。因此，对技术批判的相关理论进行研究，对我们理解技术与现代性之间的关系、总结西方社会的发展经验与教训，并推进国家的现代化建设具有重要的参考意义。通过以上各章节的介绍，读者对芬伯格的技术解放思想已经有了比较全面的了解。在文章的结语部分，笔者主要对贯穿全书的芬伯格的技术解放思想做出总结，并尝试探讨芬伯格的技术解放思想对我国技术哲学未来发展的理论启示和推进现代化进程的参考意义。

　　通过对各种技术哲学思想的扬弃与综合，芬伯格最终形成了融贯一体的技术解放思想。这种综合性特征主要体现在以下几个方面。首先，芬伯格实现了技术实在论与建构主义的综合，形成了芬伯格的双重工具化理论。在工具化理论的第一层次，芬伯格借鉴了技术实在论的范畴；在工具化理论的第二层次，芬伯格则从建构主义中进行有选择的吸收。这种综合实际上是将传统技术哲学与当下最新的研究方法结合在一起，使技术哲学研究既可以在传统技术哲学理论中获取养分，又可以在研究方法中取得最新进展，极大地推动了技术哲学的发展。其次，芬伯格实现了理论批判与现实转向的结合。与马尔库塞不同，芬伯格选择了理论探讨与案例研究相结合的技术哲学研究路径。芬伯格认为，相比于其他学科，技术哲学的优势在于能够实现理论批判和个案研究的统一，理论规范与现实经验的结合。在他看来，只有通过这种既包含理论批判又具备经验导向的方法，我们才有可能解决当下面临的技术理性异化问题。而芬伯格所提出的技术解放思想就为实现这个目标做出了重要贡献。最后，芬伯格以文化批判的视角介入现代性问题的考察，将技术与社会文化背景联系起来，并得出现代性是可选择的结论。芬伯格认为，技术并非在人之外的抽象存在，它在不同的社会文化背景下可能会形成不同的发展形态，并带来不同的现代化发展过程。他指出，中国的现代性发展状况与西方发达国家存在着巨大差异。当前的强调效率和控制的西方现代性是一种特定的合理化，并非社会发展的唯一模式。体现在现代社会的技术设计中，就是具有多元文化背景的技术设计可以有多种选择，技术设计的可选择性就意味着可选择的合理性，而可选择的合理性为现代性的发展开辟了多种可能。在当今全球化的背景下，这种可选择的现代性代表西方国家的发展模式并不具有必然性，各个国家可以结合自身文化背景走出一条结合技术与本国文化的现代化道路。在西方文化占有压倒性优势的当下，这种可选择的现代性不仅丰富了合理性的多种可能，同时也为其他国家提供了不同于西方现代化的替代选择，进一步促进了全球文化的多元发展和共存。

芬伯格博大庞杂的技术解放思想，不仅对我们理解技术与现代性之间的关系、对国家的现代化建设有重要的理论参考价值，同时也为技术哲学的未来发展指明了方向。一方面，未来的技术哲学研究应突出实践取向。过去的技术哲学将理论批判放在首位，但对如何消除技术产生的负面效应并没有进行深入研究。芬伯格的技术解放思想不仅在理论层面上坚持技术批判研究，而且在经验层面上进行大量的案例分析，提升了技术解放思想在现实层面的可行性。笔者认为，作为一种内在于实践的批判思想，芬伯格的技术解放思想成功实现了理论批判和实践研究的结合，这应该是技术哲学的未来发展方向。另一方面，未来的技术哲学研究应沿着技术解放的目标前行。芬伯格的技术解放思想揭示了当前的技术霸权现象，阐述了技术所具有的解放潜能。通过对实现技术转换和技术变革的三种途径以及公共领域的研究，芬伯格进行了关于技术转换和技术变革的经验研究，并将技术解放作为自己的理论目标。在他看来，技术哲学的远景目标是人类的自由和解放，只有充分发挥技术自身的解放潜能，与多元文化共同发展的新技术才能为人类和自然带来解放。

作为法兰克福学派的新一代领袖，芬伯格是我们研究法兰克福学派思想的重要研究对象。对芬伯格技术解放思想的系统研究可以帮助我们更深刻地理解技术解放与人类解放等重要问题的本质，有利于解决众多社会问题。芬伯格让技术哲学与西方哲学传统结合，使研究内容从单一走向多元，研究领域也更加广泛，推动了技术哲学的飞跃式发展。因此，一方面，通过对芬伯格技术解放思想的深入分析，我们不仅可以厘清技术哲学近几十年来的发展脉络，还能更好地理解技术解放问题的本质。在当今全球化的背景下，开展对芬伯格技术解放思想的研究，能够让我们认识到技术具有可选择性的一面，并通过结合各种文化实现技术民主化，最终导向可选择的现代性，从而打破现有的技术霸权现象，解决当代社会环境下技术发展进程中出现的诸多问题。因此，学习和研究芬伯格的技术解放思想可以推动我国现代技术哲学的发展，并为我国技术哲学未来的发展方向提供理论

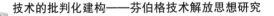

启示。另一方面，深入研究芬伯格的技术解放思想有利于培育具有中国特色的技术文化。科技的发展离不开文化的支撑，西方长期积淀的理性文化对科技发展做出的贡献是不容忽视的。过去，我国的技术进步主要依赖经验积累，导致技术发展缓慢，所以我国的技术文化也相对滞后。而随着近年来我国科学技术的快速进步，我们不得不思考技术文化的建设与发展问题，即我们是否可以借助技术批判理论，培育建立一种具有中国特色的技术文化，避免西方曾遭遇的技术异化难题，引领中国未来的技术发展方向。或许，这也正是芬伯格技术解放思想的意义所在，尽管它并不能实现技术解放，但能更好地保护各国本土特色文化的发展，让各个发展中国家都能够寻找到符合本国国情的现代化发展道路，实现可选择的现代性。